"双一流"建设精品出版工程

多元统计分析与R建模

MULTIVARIATE STATISTICAL ANALYSIS WITH R

葛 虹 吴天石 编著

哈爾濱工業大學出版社
HARBIN INSTITUTE OF TECHNOLOGY PRESS

内容简介

随着万物互联的逐步实现,基于大数据分析的人类数字生活已经拉开大幕。在本科通识教育阶段加强统计教育已经成为教育界和产业界的基本共识。本书介绍了数据挖掘中最常用的多元统计分析方法,主要包括多元统计图,多元变量的统计特征及用于聚类与分类的聚类分析和判别分析,用于数据压缩和特征提取的主成分分析和因子分析,用于预测和影响因素分析的线性回归、曲线回归和逐步回归等内容,并在论述这些方法时,以本科生可接受的基本原理和用于方法实现的统计软件 R 为主。

本书适合作为大数据管理与应用、信息管理与信息系统、电子商务等专业的本科生教材,也可作为其他专业的多元统计分析参考书。

图书在版编目(CIP)数据

多元统计分析与 R 建模/葛虹,吴天石编著. —哈尔滨:
哈尔滨工业大学出版社,2020.6
ISBN 978-7-5603-8830-4

Ⅰ.①多… Ⅱ.①葛… ②吴… Ⅲ.①多元分析–统计分析
②程序语言–建立模型 Ⅳ.①O212.4 ②TP312

中国版本图书馆 CIP 数据核字(2020)第 088813 号

策划编辑   丁桂焱   杨秀华
责任编辑   李长波   惠 晗
封面设计   屈 佳
出版发行   哈尔滨工业大学出版社
社　　址   哈尔滨市南岗区复华四道街 10 号   邮编 150006
传　　真   0451-86414749
网　　址   http://hitpress.hit.edu.cn
印　　刷   黑龙江艺德印刷有限责任公司
开　　本   787mm×1092mm 1/16 印张 8.75 字数 218 千字
版　　次   2020 年 6 月第 1 版 2020 年 6 月第 1 次印刷
书　　号   ISBN 978-7-5603-8830-4
定　　价   42.00 元

(如因印装质量问题影响阅读,我社负责调换)

前　言

作为数据挖掘的基本方法,多元统计分析在自然科学、社会科学及经济管理领域得到了广泛的应用。随着万物互联的逐步实现,基于大数据分析的人类数字生活已经拉开大幕。因此,在本科通识教育阶段加强统计教育已成为教育界和业界的基本共识。

考虑到通识教育的特点以及统计知识的连贯性,本书介绍了数据挖掘中最常用的多元统计分析方法,主要包括多元统计图,多元变量的统计特征及用于聚类与分类的聚类分析和判别分析,用于数据压缩和特征提取的主成分分析和因子分析,用于预测和影响因素分析的线性回归、曲线回归和逐步回归等,并以本科生可接受的基本原理和用于方法实现的统计软件 R 为主。另外,为了强化多元统计分析方法的综合应用,每章都包括具有实际背景的开篇案例,并通过案例教学强调发现统计规律的步骤和分析流程,进而为实战打下良好的方法论基础。最后,考虑到统计分析软件的可得性和一般实战要求,本书选择了统计学界和产业界广泛使用的开源统计软件 R 作为计量分析工具。

本书适合作为大数据管理与应用、信息管理与信息系统、电子商务等专业的本科生教材,也可作为其他专业的多元统计分析参考书。教学课时可设计为 32 课时。

由于作者水平有限,书中难免会出现疏漏及不足,敬请读者批评指正。

葛　虹

2020 年 3 月

目　　录

第1章　　多元统计图

本章的学习目标：

1. 理解多元统计图的使用价值和意义
2. 可以利用 R 绘制散点图、气泡图、雷达图和箱线图

数据分析的主要目的是发现一般统计规律、识别离群点或者进行比较分析。由于图示法的简洁与直观性，一种探索性数据分析方法就是通过统计图展示数据的内在基本规律，由此确认下一步数据建模的方法。统计分析中常用的统计图包括：散点图、气泡图、雷达图和箱线图等。一般情况下，可以根据散点图观察变量之间的相关性，进而确定函数关系模型；根据气泡图可以将样本进行聚类；根据雷达图的形状进行模式识别，并利用雷达图的几何特征进行综合评价；箱线图可以用来进行比较分析。

本章案例来自哈尔滨工业大学(哈工大)本科生信息管理与信息系统专业28名学生的工科数学(工数1、2)、线性代数、概率论与数理统计(概率论)、应用统计的期末考试成绩，数据文件命名为"学生数学成绩.xls"，数据见表1.1。

表1.1　大学生数学各科成绩　　　　　　　　　　　　　　　　　分

序号	工数1	工数2	线性代数	概率论	应用统计
1	95	96	95	100	84
2	95	96	97	94	95.5
3	94	93	94	100	77
4	93	95	95	99	83
5	91	90	86	95	81
6	91	96	95	93	69
7	91	93	100	99	75
8	89	91	90	95	72
9	89	84	85	96	84
10	88	77	94	77	85
11	88	97	97	100	97
12	86	95	92	100	95
13	83	93	77	90	70
14	83	65	71	60	42
15	81	65	72	78	60
16	80	77	73	70	64
17	79	76	68	92	71.5
18	78	71	82	76	82

续表1.1

序号	工数 1	工数 2	线性代数	概率论	应用统计
19	78	67	79	90	74
20	77	73	76	77	66.5
21	76	72	77	97	79
22	76	80	60	86	86
23	76	90	91	96	90
24	76	79	82	74	65.5
25	75	76	76	79	62
26	75	60	65	70	49
27	72	72	64	73	74
28	72	70	60	68	68

1.1　二元变量的散点图

1. 散点图的制作

二元变量的散点图(Scatter Plots)是将一个变量作为横轴,另一个变量作为纵轴,并将样本一一画在这个坐标系中。这样的散点图能够反映两个变量之间的关系或集聚效应。利用 R 实现的作图函数是 plot( )。例如要绘制表1.1"工数1"与"工数2"的散点图,则在 R 的编辑窗口(R Console)中输入如下命令:

X < - c(95,95,94,93,91,91,91,89,89,88,88,86,83,83,81,80,79,78,78,77,76,
76,76,76,75,75,72,72)

Y < - c(96,96,93,95,90,96,93,91,84,77,97,95,93,65,65,77,76,71,67,73,72,
80,90,79,76,60,72,70)

plot(X,Y)

命令的第一行是输入"工数1"的学生成绩,并赋给变量 X;第二行输入"工数2"的学生成绩,并赋给变量 Y。这是一种直接输入数据的方法,常在数据量较少的情况下采用;第三行执行制作散点图语句,回车后生成的散点图如图 1.1 所示。由图 1.1 可以看出,一般来说,第一学期"工数1"成绩好的学生,第二学期"工数2"的成绩也比较好,但也有相反的情况。

为了了解每个样本的准确位置,特别是识别离群样本,需要在图 1.1 中加上样本号。增加标记的语句是 text( )。将第三行命令语句改为:

plot(X,Y,type = "n");　　text(X,Y)

回车后生成带标记的散点图如图 1.2 所示。其中,type = "n" 表示不显示代表样本位置的"○"。由图 1.2 可以看出,成绩上升比较快的是 23、13、12 和 11 号;成绩下降比较多的是 26、15 和 14 号。

2. 散点图矩阵的制作

在大多数情况下,不仅要分析"工数1"与"工数2"之间的关系,还要观察数据文件中其他两两变量之间的散点图。一种多快好省的方法是构建两两变量之间的散点图矩阵。

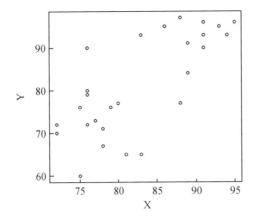

图 1.1　工数 1 与工数 2 的散点图

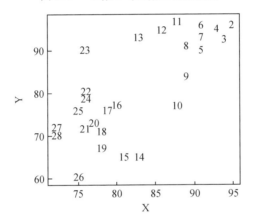

图 1.2　带标记的散点图

利用 R 软件实现散点图矩阵的函数是 plot(数据框)，并输入如下命令：

score < − data. frame(

Math1 = c(95,95,94,93,91,91,91,89,89,88,88,86,83,83,81,80,79,78,78,77,76, 76,76,76,75,75,72,72),

Math2 = c(96,96,93,95,90,96,93,91,84,77,97,95,93,65,65,77,76,71,67,73,72, 80,90,79,76,60,72,70),

Algebra = c(95,97,94,95,86,95,100,90,85,94,97,92,77,71,72,73,68,82,79,76, 77,60,91,82,76,65,64,60),

Prob = c(100,94,100,99,95,93,99,95,96,77,100,100,90,60,78,70,92,76,90,77, 97,86,96,74,79,70,73,68),

Stats = c(84,95.5,77,83,81,69,75,72,84,85,97,95,70,42,60,64,71.5,82,74, 66.5,79,86,90,65.5,62,49,74,68))

plot(score)

回车后生成的散点图矩阵如图 1.3 所示。命令的第一行采用了数据框形式(data. frame)输入五个科目的全部数据。数据框是 R 软件中常用的一种数据结构，数据框中的变量既可以是数值型的定量变量，也可以是字符型的定性变量。数据框的每列是一个变量(定量或定性)，每行对应一个观测数据。如果在 R 软件的命令窗口调用文件名 score，可以直接看见如表 1.1 的数据结构。

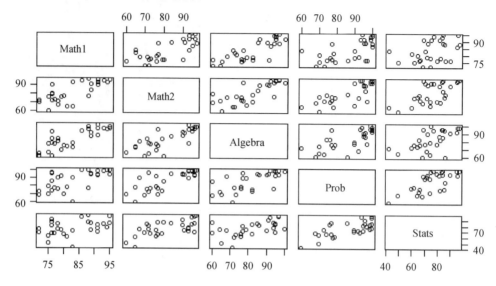

图 1.3   散点图矩阵

图 1.3 的第一列分别是工数 1 与工数 2、代数、概率论和应用统计的散点图;第二列分别是工数 2 与工数 1、代数、概率论和应用统计的散点图;第三列分别是代数与工数 1、工数 2、概率论和应用统计的散点图;第四列分别是概率论与工数 1、工数 2、代数和应用统计的散点图;第五列分别是应用统计与工数 1、工数 2、代数和概率论的散点图。散点图矩阵具有对称性,只要观察矩阵对角线以上或以下的关系图即可。由图 1.3 可以看出,线性代数与工数 1 和工数 2 的线性相关性较强;概率论与应用统计的线性相关性较强。

如果仅关心线性代数与工数 1 和工数 2 之间的散点图,可在数据框语句下输入命令:
plot(Algebra ~ Math1 + Math2)

同理,在数据框语句下,命令 plot(Math1 ~ Math2) 实现的是工数 1 与工数 2 散点图的绘制。

1.2   三元变量的气泡图

散点图可以很直观地表现二元变量之间的关系。为了在平面上观测三元变量之间的关系,比如考察工数 1、工数 2 与应用统计之间的关系,可以用工数 1 和工数 2 的成绩形成散点,利用点的大小来代表应用统计的成绩。这样形成的平面图称为气泡图,实现气泡图的 R 函数是 symbols( ),气泡图的执行语句是:

symbols(x, y, circle = radius)

其中,x、y 分别是横坐标(工数 1 的成绩)和纵坐标(工数 2 的成绩)变量;radius 是半径,它与第三个变量 z(应用统计的成绩) 有关。通常认为第三个变量的大小是面积值,因此,根据半径公式:$r = \sqrt{z/\pi}$,本案例中就是 $r = \sqrt{\text{Stats}/\pi}$。于是,绘制气泡图应输入如下语句:

attach(score)

r < - sqrt(Stats/pi)

symbols(Math1, Math2, circle = r, inches = 0.2, fg = ″white″, bg = ″lightblue″)

text(Math1,Math2,rownames(score),cex = 0.7)

detach(score)

第一句是将数据框(score)添加至分析路径；第二句是根据面积"应用统计"的成绩计算半径；第三句是绘制气泡图语句，其中，选项 inches 是控制圆圈大小的比例因子，默认的最大值为 1,fg 和 bg 分别表示圆圈轮廓和背景的颜色，这里选择圆圈轮廓为白色(white)，背景为浅蓝色(light blue)；第四句是标记圆圈的样本号，选项 cex 是标记号码缩放的倍数；第五句是移出数据框。

执行结果如图1.4 所示。由图 1.4 可以看出,28 名学生被聚集成两类，第一类位于图形的右上方；第二类位于左下方。第一类的工数1、工数2 成绩都比较靠前，从圆圈的大小来看，这一类的应用统计成绩也比较好。进步较大的学生是 23 号；退步较大的学生是 14号和 26 号。根据这些分析结果，辅导员可以有针对性地进行心理疏导工作。

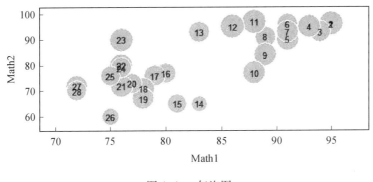

图 1.4　气泡图

1.3　多元变量的雷达图

雷达图是一种将多维变量用二维平面图形表示的方法，通过这种图形可以直观考察多维数据的变化趋势。在样本量与指标数量都较少的情况下，可以利用雷达图进行比较分析，并通过对图像特征的提取进行综合评价。

以 14 号学生的成绩为例，传统雷达图的绘制方法如下：

(1) 由于 5 个科目的成绩为百分制，因此以 100 为半径作一个圆，将圆周等分为 5 个扇形区域。

(2) 连接圆心和各等分点，将这 5 条半径依次定义为工数1、工数2、线性代数、概率论和应用统计的坐标轴，并标记上适当的刻度。

(3) 将 14 号学生各科成绩依次标记在对应的坐标轴上(见 ◆ 形标识)，连接坐标轴上的各个点，将它们连接成一个封闭的五边形，由此形成的雷达图如图 1.5 所示。

由于雷达图的形状类似天空中的星星或蜘蛛网，因此也称雷达图为星图或蜘蛛图。雷达图有许多改良形式，比如在绘制雷达图的第三步，将连接相近两点的折线改成视觉效果更佳的弧线。另一种更简约的方式是在第一步将圆弧形设计成半圆弧形。一般情况下，当指标比较少时(五个左右)就可以采用半圆弧形雷达图。

利用 R 软件实现雷达图的函数是 stars( )。前 16 名学生雷达图的生成方式为在数据框语句下，输入如下命令：

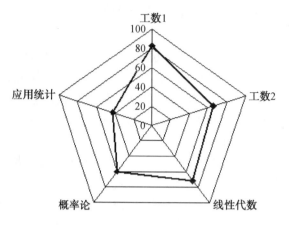

图 1.5　雷达图

stars(score[1:16,1:5],key.loc = c(12,6))

其中,score[1:16,1:5] 表示选择数据框中前 16 名学生、5 个科目的成绩制作雷达图;key. loc = c(12,6) 是标准雷达图形的位置,执行结果如图 1.6 所示。图中给出了 16 名学生成绩的雷达图外轮廓,图右边带有轴标识的是标准雷达图形状。通过与标准雷达图比较,可以识别学生的学习模式。

由图 1.6 可以看出,其中的 1、2 和 4 号有相近模式,他们各科成绩都比较高且较为平均,属于"全面发展型";3、6、7 和 8 号有相近模式,他们的数学基础理论较好,但统计较差,属于"重理论轻应用型";而 11 和 12 号的工数 1 较差,其他科目成绩较好,属于"追赶型"。由此可见,当样本量较少时,通过比较雷达图外轮廓的形状,可以有效地进行模式识别。

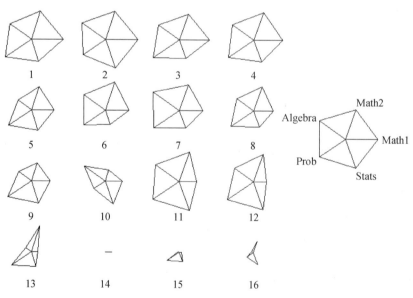

图 1.6　多个雷达图的比较

通过增加函数 stars() 中的参数可以使图形更具有可辨识性。比如执行语句:

stars(score[1:16,1:5],len = 1.1,key. loc = c(12,6))

其中,参数项 len 是半径的尺度因子,表示雷达图的比例,默认值是 1。该语句显示的雷达

图比图1.6略大一些。图1.7和图1.8显示的分别是圆弧形雷达图和半圆弧形雷达图。R
命令分别为

stars(score[1:16,1:5],full = TRUE,draw. segments = TRUE,len = 1.1,key. loc =
c(12,6))

stars(score[1:16,1:5],full = FALSE,draw. segments = TRUE,len = 1.2,key. loc =
c(12,6))

其中,full 是逻辑值(TRUE 或 FALSE)。当 full = TRUE(默认值) 时绘制圆形图;full =
FALSE 时绘制半圆形图。draw. segments 也是逻辑值。当 draw. segments = TRUE(默认值
为 FALSE) 时,绘制的是弧形雷达图。

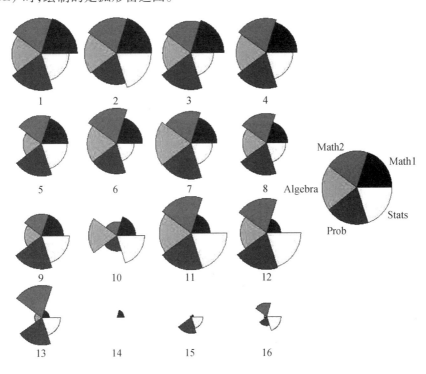

图 1.7 圆弧形雷达图(见附彩图)

根据图 1.8 半圆弧形雷达图,能清晰地辨识"全面发展型""重理论轻应用型"和"追
赶型"的学生。但在很多实际应用问题中,变量或指标会出现以下情况:

(1)变量的标尺不一致。比如:在所考察的成绩中,有的科目满分是 100 分,有的科
目满分是 5 分。

(2)变量的量纲不一样。比如:在考察学生数理能力时,除了平时数学类科目的成绩
外,还要考察学生参加讲座和数学建模竞赛的次数。"分数"与"次数"是两种不同的量
纲。

在这些情况下,一是数据本身缺乏可比性;二是无法确定雷达图的半径。因此,需要
对原始数据进行规范化处理,使其具有可比性。一种简单的规范化方法就是 0 - 1 化方
法,它使得所有数据都在 0 和 1 之间,此时,雷达图的半径就是 1。假设某个变量 X 的 n 个
观测是:$x_1,x_2,x_3,\cdots,x_n$,于是,0 - 1 化公式为

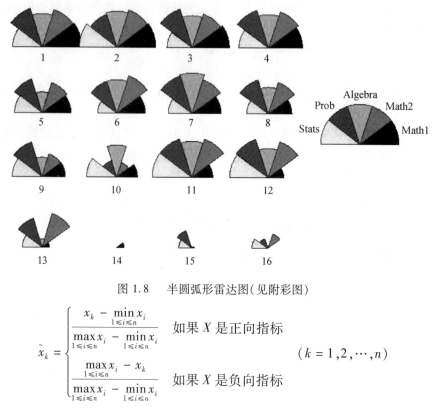

图 1.8　半圆弧形雷达图(见附彩图)

$$
\tilde{x}_k = \begin{cases} \dfrac{x_k - \min\limits_{1 \le i \le n} x_i}{\max\limits_{1 \le i \le n} x_i - \min\limits_{1 \le i \le n} x_i} & \text{如果 } X \text{ 是正向指标} \\[4mm] \dfrac{\max\limits_{1 \le i \le n} x_i - x_k}{\max\limits_{1 \le i \le n} x_i - \min\limits_{1 \le i \le n} x_i} & \text{如果 } X \text{ 是负向指标} \end{cases} \qquad (k = 1, 2, \cdots, n)
$$

其中,正向指标指的是越大越好的变量;负向指标指的是越小越好的变量。比如:应用统计成绩越高越好,是正向指标;不及格的次数越少越好,是负向指标。

1.4　比较多变量分布的箱线图

探索性比较分析的一个重要工具就是箱线图。箱线图能够直观、简洁地展示数据分布的主要特征,这些特征包括上四分位数 Q_3、下四分位数 Q_1、中位数及离群值。图 1.9 中箱体的顶部和底部分别是数据的上四分位数和下四分位数,箱体中线为中位数的位置,由箱体向上和向下延伸的部分表示数据的分布范围。大约 25% 的数据分布在上四分位数以上,即箱体上方部分;大约 25% 的数据分布在下四分位数以下,即箱体下方部分;另外 50% 的数据分布在上四分位数 Q_3 和下四分位数 Q_1 之间,即在箱体部分。超出这个分布范围的点称为异常点,用小圆圈(。)表示。

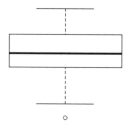

图 1.9　箱线图示意图

为了比较五个科目的成绩,可以利用箱线图进行探索性比较分析。箱线图的 R 函数是 boxplot( )。在数据框语句下,输入命令:

boxplot(score)

执行结果如图 1.10 所示。由中位数位置和箱型来看(中线越高越好,箱型越扁越好),前四科成绩都比较好,其中概率论成绩尤为突出,而应用统计成绩较差。工数 1、线性代数和应用统计的箱型上下较对称,因此,这三科成绩近似正态分布。

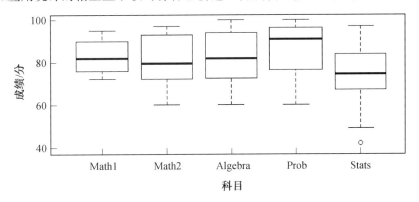

图 1.10 学生各科成绩的箱线图

为了辨识中位线的位置以便进行比较,可以采用带有"腰线"的箱线图。当选项 notch = TRUE(默认值为 FALSE)时,绘制的箱线图带有腰线(图 1.11)。带有腰线的 R 命令是:

boxplot(score,notch = TRUE)

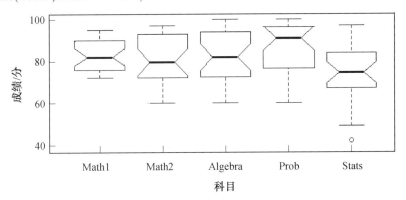

图 1.11 带有腰线的箱线图

如果要得到辨识度强且带有颜色的箱线图,可以利用如下 R 语句:

boxplot(score,notch = TRUE,col = rainbow(7))

回车后返回的是带有赤、橙、黄、绿、青、蓝、紫色的箱线图(图 1.12)。如果是五个变量,则箱线图颜色是七种彩虹色中的五个颜色,也可以将 col 选项改为:col = rainbow(5)。

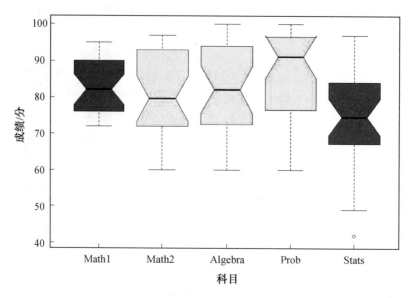

图 1.12　　带有腰线的彩色箱线图(见附彩图)

1.5　　多元统计图的应用

　　综合评价在实际中有着广泛的应用。比如：根据综合评价结果对高校或专业进行排名；根据相关财务指标体系对企业竞争力进行评价；根据身份特征、行为偏好、信用历史、人脉关系和履约能力评价个人的信用等级等。而评价方法的选择会直接影响最终结果。常用的综合评价方法有算术平均法、加权算术平均法、加权几何平均法及第5章、第6章的主成分分析和因子分析法等。本节介绍利用雷达图进行综合评价的方法。

　　雷达图具有良好的几何性质。传统的雷达图(图 1.5) 是由若干个三角形构成的，每个三角形的一个角(图 1.5 中的角是 $360°/5 = 72°$) 和相邻的两个边长(科目成绩) 都是已知的，由此可以直接计算雷达图的面积和周长。雷达图的面积和周长均能反映一名学生的数学学习能力，如果一个雷达图的面积是 S，周长是 L，则一名学生的综合得分可以定义为

$$f = \sqrt{S} \cdot L$$

　　这样计算的综合得分值可能会很大，不便于进行比较。因此，对这个公式进行归一化处理，即除以外圆周的面积和周长。于是，归一化的综合评价公式是

$$F = \frac{\sqrt{S} \cdot L}{\sqrt{\pi R^2} \cdot 2\pi R} = \frac{\sqrt{S} \cdot L}{2\pi^{3/2} R^2} \tag{1.1}$$

其中，R 是圆的面积，本案例圆的半径是 100。

　　下面主要考虑利用改进的雷达图 —— 半圆弧形雷达图(图 1.8) 进行综合评价。这种图形是由几个半径不同的扇形构成的，而半径就是每个科目的成绩。因此，这种雷达图面积的大小能够直接反映学生数学学习的综合能力。如果用 x_{1k}、x_{2k}、x_{3k}、x_{4k} 和 x_{5k} 表示第 k 个学生工数 1、工数 2、线性代数、概率论和应用统计的成绩，则半圆弧形雷达图的面积公式为

$$S_k = \left[\frac{180}{5}\pi\left(x_{1k}^2 + x_{2k}^2 + x_{3k}^2 + x_{4k}^2 + x_{5k}^2\right)\right]/360$$

$$= 10^{-1}\pi\left(x_{1k}^2 + x_{2k}^2 + x_{3k}^2 + x_{4k}^2 + x_{5k}^2\right)$$

为了方便比较和排序,还要计算标准半圆弧形雷达图(图 1.8 最右端的半圆弧形雷达图)的面积:

$$S = \frac{180}{360}\pi 100^2 = 5 \times 10^3 \pi$$

于是,归一化后,第 k 个学生的综合评分是

$$F = S_k/S = \frac{\sum_{i=1}^{5} x_{ik}^2}{5 \times 10^4} \tag{1.2}$$

根据表 1.1 各科成绩和式(1.2)得到 28 名学生的综合评分和平均成绩,见表 1.2。由表 1.2 可以看出,两种方法的排序结果大多数是相同的,且雷达图综合评分的可识别性更强。在平均成绩中,有三组(见平均分中的括号)是一致的,但通过雷达图综合得分可以加以区分。比如:第一组 3 号和 7 号学生的平均成绩都是 91.6 分,但他们雷达图的综合得分分别是 0.845 和 0.847,所以 7 号学生位于 3 号学生之前;第二组 5 号和 23 号的平均成绩均为 88.6 分,由于雷达图综合得分分别是 0.787 和 0.789,所以 23 号位于 5 号之前。这种综合成绩的可辨识性对保送研究生资格的确认、各种奖学金的评定都有重要的实际意义。

表 1.2 大学生数学类综合成绩

序号	综合得分	排序	平均分	排序	序号	综合得分	排序	平均分	排序
1	0.886	3	94	3	15	0.513	24	71.2	24
2	0.912	2	95.5	2	16	0.533	23	72.8	23
3	**0.845**	7	**91.6(1)**	6	17	0.604	19	77.3	19
4	0.868	5	93	5	18	0.607	18	77.8	16
5	**0.787**	10	**88.6(2)**	9	19	**0.608**	17	**77.6(3)**	17
6	0.799	8	88.8	8	20	0.548	21	73.9	21
7	**0.847**	6	**91.6(1)**	6	21	0.651	15	80.2	15
8	0.770	11	87.4	12	22	**0.611**	16	**77.6(3)**	17
9	0.769	12	87.6	11	23	**0.789**	9	**88.6(2)**	9
10	0.713	13	84.2	13	24	0.570	20	75.3	20
11	0.919	1	95.8	1	25	0.545	22	73.6	22
12	0.878	4	93.6	4	26	0.415	28	63.8	28
13	0.689	14	82.6	14	27	0.505	25	71	25
14	0.430	27	64.2	27	28	0.459	26	67.6	26

在实际应用中,可以将平均成绩作为排名的主要依据,当遇见相同平均分值时,则借用雷达图综合得分加以进一步辨识。另一种方法就是直接利用雷达图综合得分进行排序。

习　题

1. 利用式(1.1)计算表 1.1 中学生的综合成绩,并与表 1.2 的结果进行比较分析。

2. 半圆弧形雷达图的周长在某种程度上也能够反映综合水平。请设计一个综合得分计算公式,公式中不仅包括半圆弧形雷达图的面积,还要包括其周长。

3. 利用改进的公式计算表 1.1 中学生的综合成绩并与表 1.2 的综合得分进行比较分析。

4. 正态分布的箱线图具有什么特点? 请画出正态分布的箱线图。

5. 如果一个指标是适中性指标(离目标值越近越好),如何进行 0 - 1 化处理? 请举例说明。

6. 根据气泡图的几何特征设计一个综合得分计算公式,并说明它的合理性和适用范围。

7. 探索利用程序包 ggplot2 绘制散点图、雷达图和箱线图的方法。

第2章 多元变量的统计特征

本章的学习目标:

1. 理解多元变量统计特征的使用价值和意义
2. 掌握相关系数与偏相关系数的概念和差异
3. 可以利用 R 软件计算均值向量、协方差矩阵、相关系数矩阵和偏相关系数
4. 可以利用 R 软件进行变量相关性的显著性检验
5. 可以利用 R 软件进行正态性检验

统计特征或分布特征能够以参数的形式描述数据的基本性状。比如:平均值反映数据的重心位置;方差和标准差反映数据偏离重心的程度;相关系数反映两个变量或指标之间线性相关的程度。当考虑由多个变量或指标所描述的总体时,统计特征比一个变量要复杂一些。下面主要介绍描述多变量重心位置的均值向量、反映各变量之间相互关联性的协方差矩阵、反映多变量之间相关性的相关系数矩阵、反映一个变量与另外多个变量之间相关性的偏相关系数、多元正态分布的统计特征及正态性假设检验方法。

本章案例是 2014—2016 年中国内地上映的 36 部电影的相关信息。其中绝大部分影片是 2016 年放映的。变量包括:豆瓣评分、票房、成本、上映天数、导演年龄以及百度指数。其中:"Score"(评分)和"Box"(票房)反映影片投入市场后的主观与客观效果;"Cost"(成本)、"Days"(上映天数)和"Age"(导演年龄)反映影片的资金投入、放映期和主创情况;"Baidu"(百度指数)反映影片的公众关注度。具体的影片与相关数据见表 2.1。

表 2.1 2014—2016 年中国内地上映的部分电影数据

影片名	豆瓣评分	票房/亿元	成本/亿元	上映天数	导演年龄	百度指数
太平轮	5.7	1.990	1.500	34	70	2 241
露水红颜	4.9	0.649	1.000	31	54	1 272
捉妖记	6.8	24.380	3.500	63	53	167
滚蛋吧!肿瘤君	7.5	5.100	0.430	30	33	4 306
烈日灼心	7.8	3.040	0.017	29	48	1 016
新娘大作战	4.0	1.730	0.400	14	39	403
寻龙诀	7.6	16.820	2.500	31	44	699
煎饼侠	6.1	11.590	0.500	63	34	1 068
西游记之大圣归来	8.2	9.560	1.300	62	41	108
老炮儿	8.0	9.020	0.600	54	48	11 598
一个勺子	8.0	0.220	0.500	15	46	4 214
既然青春留不住	4.5	0.496	0.300	15	34	236
剩者为王	5.6	0.610	0.300	15	34	1 330

续表2.1

影片名	豆瓣评分	票房／亿元	成本／亿元	上映天数	导演年龄	百度指数
有种你爱我	4.7	0.680	0.300	15	36	131
第三种爱情	5.2	0.729	1.000	22	45	269
百鸟朝凤	8.0	0.870	0.150	15	77	482
小门神	6.8	0.787	0.700	15	43	384
惊天大逆转	7.5	0.787	0.250	25	52	183
女汉子真爱公式	4.5	0.634	0.160	15	40	124
美人鱼	6.9	33.900	3.000	59	54	41 933
盗墓笔记	4.8	10.000	2.000	35	56	530
绝地逃亡	5.6	8.890	2.000	30	57	178
从你的全世界路过	5.5	8.130	0.800	27	53	1 709
北京遇上西雅图	6.5	7.900	0.350	16	46	542
大鱼海棠	6.6	5.650	0.300	25	36	156
前任攻略	6.3	1.290	0.700	38	33	143
推拿	7.7	0.100	0.200	31	51	1 616
甜蜜杀机	6.1	0.366	0.200	31	39	121
不可思议	3.8	1.120	0.250	15	62	334
匆匆那年	5.4	5.850	0.400	38	53	1 616
亲爱的	8.4	3.434	0.300	34	54	2 647
分手大师	5.2	6.660	0.300	45	41	2 248
我的早更女友	5.5	1.600	0.400	24	57	330
心花路放	7.0	11.670	0.350	34	39	2 813
痞子英雄	5.4	2.040	0.800	26	48	526
小时代3	4.4	5.220	0.700	32	33	14 252

2.1　　均值向量与协方差矩阵

如果记 X_1 = "Score"、X_2 = "Box"、X_3 = "Cost"、X_4 = "Days"、X_5 = "Age"、X_6 = "Baidu",则在实际应用时,常常要了解这些变量的基本特征,比如这些影片的平均豆瓣评分与标准方差、平均票房与标准方差以及豆瓣评分与票房两个变量之间的相关性等。为了叙述方便,需要给出多维随机变量均值向量以及协方差矩阵的概念。假设观测 p 个变量$(X_1,X_2,\cdots,X_p)'$,这些变量的 n 个观测或样本为

$$(x_{1i},x_{2i},\cdots,x_{pi})' \quad (i = 1,2,\cdots,n)$$

则 p 维变量重心的估计为:$(\bar{x}_1,\bar{x}_2,\cdots,\bar{x}_p)'$。其中 $\bar{x}_k$ 是第 k 个变量的样本平均值,即

$$\bar{x}_k = \frac{1}{n}\sum_{i=1}^{n} x_{ki} \quad (k = 1,2,\cdots,p)$$

为了考察两两变量之间的相关性,需要计算两两变量之间的样本协方差,第 k 个变量

与第 l 个变量之间的样本协方差为

$$\frac{1}{n-1}\sum_{i=1}^{n}(x_{ki}-\bar{x}_k)(x_{li}-\bar{x}_l) \quad (k,l=1,2,\cdots,p)$$

这些协方差可以按序放在一个 $p\times p$ 的方阵中。矩阵的第一行是变量 X_1 分别与 X_1，$X_2,\cdots,X_p$ 的样本协方差；第二行是 X_2 分别与 $X_1,X_2,\cdots,X_p$ 的样本协方差；依此类推，最后一行是 X_p 分别与 $X_1,X_2,\cdots,X_p$ 的样本协方差，并称该矩阵为样本协方差矩阵，具体表达为

$$S=\frac{1}{n-1}\begin{bmatrix} \sum_{i=1}^{n}(x_{1i}-\bar{x}_1)(x_{1i}-\bar{x}_1) & \sum_{i=1}^{n}(x_{1i}-\bar{x}_1)(x_{2i}-\bar{x}_2) & \cdots & \sum_{i=1}^{n}(x_{1i}-\bar{x}_1)(x_{pi}-\bar{x}_p) \\ \sum_{i=1}^{n}(x_{2i}-\bar{x}_2)(x_{1i}-\bar{x}_1) & \sum_{i=1}^{n}(x_{2i}-\bar{x}_2)(x_{2i}-\bar{x}_2) & \cdots & \sum_{i=1}^{n}(x_{2i}-\bar{x}_2)(x_{pi}-\bar{x}_p) \\ \vdots & \vdots & & \vdots \\ \sum_{i=1}^{n}(x_{pi}-\bar{x}_p)(x_{1i}-\bar{x}_1) & \sum_{i=1}^{n}(x_{pi}-\bar{x}_p)(x_{2i}-\bar{x}_2) & \cdots & \sum_{i=1}^{n}(x_{pi}-\bar{x}_p)(x_{pi}-\bar{x}_p) \end{bmatrix}$$

$$(2.1)$$

协方差矩阵 S 是一个实对称矩阵，且对角线上的元素是每个变量的样本方差。矩阵前的系数可以是 $1/(n-1)$，也可以换成 $1/n$。

利用 R 软件实现均值向量计算的函数有很多，这里仅仅介绍两种计算函数：apply( ) 和 summary( ) 函数。

2.1.1　apply( ) 函数

利用 apply( ) 实现均值向量计算的命令为

apply(X,1 或 2,mean)

其中,X 是数据集名称;1 表示对数据矩阵的行求平均,2 表示对数据矩阵的列求平均;mean 表示求均值。

实现电影票房数据均值向量计算的 R 语句为

Boxoffice ＜ － data. frame(

Score = c(5.7,4.9,6.8,7.5,7.8,4,7.6,6.1,8.2,8,8,4.5,5.6,4.7,5.2,8,6.8,7.5,4.5,6.9,4.8,5.6,5.5,6.5,6.6,6.3,7.7,6.1,3.8,5.4,8.4,5.2,5.5,7,5.4,4.4),

Box = c(1.99,0.649,24.38,5.1,3.04,1.73,16.82,11.59,9.56,9.02,0.22,0.496,0.61,0.68,0.729,0.87,0.787,0.787,0.634,33.9,10,8.89,8.13,7.9,5.65,1.29,0.1,0.366,1.12,5.85,3.434,6.66,1.6,11.67,2.04,5.22),

Cost = c(1.5,1,3.5,0.43,0.017,0.4,2.5,0.5,1.3,0.6,0.5,0.3,0.3,0.3,1,0.15,0.7,0.25,0.16,3,2,2,0.8,0.35,0.3,0.7,0.2,0.2,0.25,0.4,0.3,0.3,0.4,0.35,0.8,0.7),

Days = c(34,31,63,30,29,14,31,63,62,54,15,15,15,15,22,15,15,25,15,59,35,30,27,16,25,38,31,31,15,38,34,45,24,34,26,32),

Age = c(70,54,53,33,48,39,44,34,41,48,46,34,34,36,45,77,43,52,40,54,56,57,53,46,36,33,51,39,62,53,54,41,57,39,48,33),

Baidu = c(2241,1272,167,4306,1016,403,699,1068,108,11598,4214,236,1330,

131,269,482,384,183,124,41933,530,178,1709,542,156,143,1616,121,334,1616,
2647,2248,330,2813,526,14252)
　　　)
　　apply(Boxoffice,2,mean)
　　回车后的输出结果为：

Score	Box	Cost	Days	Age	Baidu
6.180 556	5.653 111	0.790 472	30.638 889	46.75	2 831.25

　　由变量的平均值可以看出,2016 年这 36 部电影豆瓣平均得分为 6.18;票房平均
5.653 亿;成本平均 0.79 亿;平均放映天数为一个月;导演的平均年龄为 46.75 岁;百度搜
索指数平均为 2 831.25。如果能够获得 2017、2018 和 2019 年中国电影市场的相关数据,
就可以通过分析平均值的变化情况,进一步预测未来一年中国电影市场的发展趋势。

　　apply( ) 函数可以应用到数据形式为矩阵、数组、数据框的任意维度上。其一般格式
为

　　apply(X,MARGIN,FUN,…)

其中,X 为数据名称;MARGIN 为维度(如果设置 MARGIN = 1,表示对行进行函数计算;设
置 MARGIN = 2,表示对列进行函数计算);FUN 是指定的计算函数,常见的统计函数包
括:mean(均值)、median(中位数)、sd(标准差)、var(方差)、range(极差)、sum(和)、
min(最小值)、max(最大值) 等。

2.1.2　summary( ) 函数

　　如果想要同时输出和展示变量的上述统计值,最好使用 summary( ) 函数。在数据框
的下面执行函数 summary(Boxoffice),其输出结果如下：

	Score		Box		Cost		Days		Age		Baidu
Min.	:3.800	Min.	:0.100 0	Min.	:0.017 0	Min.	:14.00	Min.	:33.00	Min.	:108.0
1st Qu.	:5.200	1st Qu.	:0.772 5	1st Qu.	:0.300 0	1st Qu.	:15.75	1st Qu.	:39.00	1st Qu.	:222.8
Median	:6.100	Median	:2.540 0	Median	:0.415 0	Median	:30.00	Median	:46.00	Median	:536.0
Mean	:6.181	Mean	:5.653 1	Mean	:0.790 5	Mean	:30.64	Mean	:46.75	Mean	:2 831.2
3rd Qu.	:7.500	3rd Qu.	:8.320 0	3rd Qu.	:0.850 0	3rd Qu.	:34.25	3rd Qu.	:53.25	3rd Qu.	:1 842.0
Max.	:8.400	Max.	:33.900 0	Max.	:3.500 0	Max.	:63.00	Max.	:77.00	Max.	:41 933.0

　　这一函数给出每个变量的最小值(Min.)、下四分位数(1st Qu.)、中位数(Median)、
均值(Mean)、上四分位数(3rd Qu.) 和最大值(Max.)。但这种函数并没有给出变量的集
中度指标,比如方差或标准差。

　　利用 R 软件实现协方差矩阵计算的函数是:cov( )。 在数据框下面执行
cov(Boxoffice),其输出结果如下：

	Score	Box	Cost	Days	Age	Baidu
Score	1.76e + 00	2.168 371	7.42e - 02	6.247 063	1.763 571	1 201.136
Box	2.17e + 00	52.367 14	4.75e + 00	73.243 36	5.046 686	33 781.38

Cost	7.42e − 02	4.747 668	6.93e − 01	6.401 49	2.161 179	2 352.286
Days	6.25e + 00	73.243 36	6.40e + 00	213.323	− 2.121 43	41 437.84
Age	1.76e + 00	5.046 686	2.16e + 00	− 2.121 43	111.792 9	3 398.264
Baidu	1.20e + 03	33 781.38	2.35e + 03	41 437.84	3 398.264	53 853 135

该矩阵主对角线上的数值分别是豆瓣评分、票房、成本、平均放映天数、导演年龄和百度搜索指数的方差。方差最小的是成本($\mathrm{var(cost)} = 0.69$),方差最大的是百度搜索指数($\mathrm{var(Baidu)} = 53\ 853\ 135$)。由此可见,电影的投资集中在 0.79 亿元左右,而且变化区间不是很大。尽管百度搜索指数的平均值为 2 831.25,但不同影片搜索指数的差异很大,该指数能够充分体现影迷的偏好以及影片营销方式对公众的影响。

2.2　相关系数矩阵与显著性检验

当研究多个变量时,人们通常关注它们之间的影响以及影响的强度,尽管协方差反映两个变量之间的关系,但是由于量纲和数量级的影响,协方差不能直接用于比较分析,而能够消除量纲影响的是两个变量之间的相关系数。

假设 p 个变量 $(X_1, X_2, \cdots, X_p)'$ 的 n 个观测为

$$(x_{1i}, x_{2i}, \cdots, x_{pi})' \quad (i = 1, 2, \cdots, n)$$

第 k 个变量与第 l 个变量之间的样本相关系数就是样本协方差除以两个变量样本标准差之积,即

$$r_{kl} = \frac{\sum_{i=1}^{n} (x_{ki} - \bar{x}_k)(x_{li} - \bar{x}_l)}{\sqrt{\sum_{i=1}^{n} (x_{ki} - \bar{x}_k)^2 \sum_{i=1}^{n} (x_{li} - \bar{x}_l)^2}} \quad (k, l = 1, 2, \cdots, p)$$

如果第 k 个变量与第 l 个变量的量纲不同,当协方差除以两个标准差以后,也就消除了量纲。除此以外,相关系数在 − 1 和 1 之间,且 $|r_{kl}|$ 越接近于 1,第 k 个变量与第 l 个变量的相关性越高。如果相关系数为正,则两个变量为正相关(同向变化);如果相关系数为负,则两个变量为负相关(反向变化)。这些样本相关系数可以按序放在一个 $p \times p$ 的方阵中,并称这一矩阵为样本相关系数矩阵。其表达式为

$$\boldsymbol{R} = \begin{bmatrix} 1 & r_{12} & \cdots & r_{1p} \\ r_{21} & 1 & \cdots & r_{2p} \\ \vdots & \vdots & & \vdots \\ r_{p1} & r_{p2} & \cdots & 1 \end{bmatrix} \quad (2.2)$$

利用 R 软件实现相关系数计算的函数是:cor( ),执行函数 cor(Boxoffice) 可以得到电影票房的相关系数矩阵为

	Score	Box	Cost	Days	Age	Baidu
Score	1	0.225 908	0.067 208	0.322 466	0.125 751	0.123 400
Box	0.225 908	1	0.788 043	0.692 979	0.065 958	0.636 125
Cost	0.067 208	0.788 043	1	0.526 455	0.245 518	0.385 020

Days	0.322 466	0.692 979	0.526 455	1	− 0.013 740	0.386 610
Age	0.125 751	0.065 958	0.245 518	− 0.013 74	1	0.043 797
Baidu	0.123 400	0.636 125	0.385 020	0.386 61	0.043 797	1

由输出结果可以看出:票房与评分、成本、放映天数、导演年龄和百度指数的相关系数分别是 0.225 9、0.788 0、0.693 0、0.065 9、0.636 1。由此可见,票房与成本的相关性最大(0.788 0),说明成本高可以保证影片质量,因而也就会越受观众的喜欢。其次是放映天数和百度指数,也就是说百度搜索指数在一定程度上反映了观众的喜好。而统计结果说明票房与导演年龄相关性最小(0.065 9),几乎不相关。因此,目前的样本表明:导演年龄或导演经验并不是一个重要的影响因素。

另外,豆瓣评分与票房的相关系数仅仅是 0.225 9,票房与评分有一定的相关性,但相关系数不高。于是,下面的问题是:"评分与票房的相关性是显著的吗?"或"这种相关性具有普遍性吗?"将这些问题换成统计学语言就是要检验票房与评分是否有显著的相关性。

相关性显著性检验的零假设是:$H_0:\rho(X_k,X_l)=0$,如果拒绝零假设,则说明第 k 个变量与第 l 个变量有显著的相关性,即具有普遍的统计意义;否则,两个变量的相关性不显著。该零假设的检验统计量以及统计量的分布是

$$T = \frac{r}{\sqrt{(1-r^2)/(n-2)}} \sim t(n-2) \tag{2.3}$$

进行显著性检验的 R 函数是:cor. test( )。比如,执行票房与评分相关显著性检验的 R 命令为

cor. test(Boxoffice[,1],Boxoffice[,2])

该语句的含义是对电影票房数据中的第一列"评分"和第二列"票房"进行相关性检验。其输出结果如下:

```
Pearson's product-moment correlation

data:Boxoffice[ ,1] and Boxoffice[ ,2]
t = 1.352 2,df = 34,p − value = 0.185 2
alternative hypothesis:true correlation is not equal to 0
95 percent confidence interval:
− 0.110 855 6   0.516 136 4
sample estimates:
     cor
0.225 908
```

其中,第一行"Pearson's product-moment correlation"指的是这种相关系数是 Pearson 相关系数;第二行指出了数据源;第三行给出了假设检验结果,即 t 值(t = 1.352 2 是根据式(2.3)计算的结果)、自由度(df = 34)和 P − 值(p − value = 0.185 2)。由于 P − 值 = 0.185 2 >0.05,所以,应该接受零假设,即尽管票房与评分正相关,但统计上不显著,因此,这种相关性不具有普遍的统计意义,可以认为票房与豆瓣评分没有直接的关系;执行

结果的第五行和第六行给出了相关系数的 95% 置信区间（$[-0.110\,8, 0.516\,1]$）；最后一部分是票房与评分的相关系数估计，即样本相关系数。

票房与成本的相关性检验语句为

cor. test（Boxoffice[,3],Boxoffice[,2]）

执行结果如下：

```
Pearson's product-moment correlation

data:Boxoffice[ ,3] and Boxoffice[ ,2]
t = 7.464 1,df = 34,p - value = 1.164e - 08
alternative hypothesis:true correlation is not equal to 0
95 percent confidence interval:
0.620 034 9   0.886 947 9
sample estimates:
      cor
0.788 043
```

由于 $P-value = 1.164 \times 10^{-8} \ll 0.05$，因此，票房与成本的相关性是十分显著的。利用同样的 R 语句检验票房与放映周期、票房与导演年龄、票房与百度指数的相关性，发现票房与放映周期、百度指数的相关性是显著的，而与导演年龄的相关性不显著。

2.3　偏相关系数与显著性检验

在现实生活中，变量之间的关系非常复杂，简单的相关系数不能真实反映两个变量之间的相关性。比如：我们发现票房与成本之间的 Pearson 相关系数或简单相关系数是 0.788，还知道票房可能受到其他因素诸如放映周期、观众热搜指数、剧本质量、导演经验与知名度等许多可知和未知因素的影响。当导演是同一个人时（经验与知名度得到控制），成本高，未必票房就高。因此，忽略其他因素的影响，仅仅考虑票房与成本之间的相关性不够合理，还要考虑在控制了其他变量 $X_3, X_4, \cdots$ 的情况下，X_1 与 X_2 的相关性问题。这种控制了其他变量的相关系数称为偏相关系数（Partial Correlation Coefficient），也称为净相关分析。

偏相关系数可以通过简单相关系数得到。假设 X_1、X_2、X_3 的样本相关系数矩阵为

$$\boldsymbol{R} = \begin{bmatrix} 1 & r_{12} & r_{13} \\ r_{21} & 1 & r_{23} \\ r_{31} & r_{32} & 1 \end{bmatrix} = \begin{bmatrix} 1 & r_{12} & r_{13} \\ r_{12} & 1 & r_{23} \\ r_{13} & r_{23} & 1 \end{bmatrix}$$

划掉 $\boldsymbol{R}$ 的第一行和第一列的行列式为：$R_{11} = 1 - r_{23}^2$；划掉 $\boldsymbol{R}$ 的第二行和第二列的行列式为：$R_{22} = 1 - r_{13}^2$；划掉 $\boldsymbol{R}$ 的第一行和第二列的行列式为：$R_{12} = r_{12} - r_{13}r_{23}$。于是，在控制 X_3 的情况下，X_1 与 X_2 的偏相关系数为

$$r_{12(3)} = \frac{R_{12}}{\sqrt{R_{11}R_{22}}} = \frac{r_{12} - r_{13}r_{23}}{\sqrt{(1 - r_{13}^2)(1 - r_{23}^2)}}$$

依此类推,在分别控制 X_2 和 X_1 的情况下,X_1 与 X_3 及 X_2 与 X_3 的偏相关系数分别为

$$r_{13(2)} = \frac{R_{13}}{\sqrt{R_{11}R_{33}}} = \frac{r_{13} - r_{12}r_{23}}{\sqrt{(1 - r_{12}^2)(1 - r_{23}^2)}}$$

$$r_{23(1)} = \frac{R_{23}}{\sqrt{R_{22}R_{33}}} = \frac{r_{23} - r_{12}r_{13}}{\sqrt{(1 - r_{12}^2)(1 - r_{13}^2)}}$$

利用 R 实现偏相关系数计算需要事先安装程序包 ggm,使用 ggm 包中的函数 pcor( )就可以计算偏相关系数。函数的调用格式为

pcor(c(num1,num2,num3,mnum4,num5,num6),cov( ))

其中,c(num1,num2,num3,num4,num5,num6) 是一个数值向量,表示在排除序号为 num3、num4、num5、num6 变量的影响后,计算序号为 num1 与 num2 两个变量之间的偏相关系数;cov( ) 是数据组的协方差矩阵。于是,在排除放映天数和百度指数的影响后,票房与成本的偏相关系数实现语句和运行结果如下:

```
> install. packages("ggm")
> library(ggm)
> pcor(c(2,3,4,6),cov(Boxoffice))
[1] 0.694 125
```

其中,第一句是利用 install. package 安装"ggm"包;第二句是利用 library 载入 ggm 包进行计算;第三句利用 pcor 计算电影票房数据中控制第四个和第六个变量(放映天数、百度指数)后,第二个和第三个变量(票房与成本)的偏相关系数,计算结果是 0.694 1。偏相关系数与简单相关系数的关系是不确定的,此时,票房与成本的偏相关系数小于简单相关系数。

如果要进行偏相关性的假设检验,可以利用 pcor. test(r,q,n) 实现。其中,r 是偏相关系数值;q 是控制变量的个数;n 是样本量。假设检验的零假设是"偏相关系数为 0",检验统计量及其分布为

$$T = \frac{r}{\sqrt{(1 - r^2)/(n - q - 2)}} \sim t(n - q - 2)$$

票房与成本偏相关性的假设检验语句为:pcor. test(0.694,2,36)。输出结果如下:

```
$ tval
[1] 5.452 768
$ df
[1] 32
$ pvalue
[1] 5.320 104e - 06
```

其中,"$ tval"给出的是统计量 t - 值(5.452 8);"$ df"是统计量的自由度(32);"$ pvalue"是显著水平 P - 值($5.320\ 104 \times 10^{-6}$)。由于 P - 值远远小于 0.05,因此,票房与成本的偏相关性是显著的。票房与所有其他变量的偏相关系数以及假设检验结果见表 2.2。此时,在计算票房与成本的偏相关系数时,所有其他变量包括评分、放映天数、导演年龄和百度指数都是控制变量,其他偏相关系数均如此计算。

表 2.2　票房与各个变量的偏相关系数

变量	相关系数	偏相关系数	P - 值
评分	0.225 9	0.170 3	0.351 4
成本	0.788 0	0.711 6	$4.966\ 9 \times 10^{-6}$
放映天数	0.693 0	0.419 2	0.016 9
导演年龄	0.065 9	- 0.194 6	0.285 8
百度指数	0.636 1	0.565 8	0.000 7

　　由表2.2可知,票房与成本、放映天数和百度指数的偏相关性显著。本案例的偏相关系数与简单相关系数的假设检验结果相同,而且偏相关系数均小于简单相关系数,即在排除其他的因素影响后,票房与各个影响因素(评分、成本、放映天数、导演年龄、百度指数)的相关性下降。其中票房与导演年龄的相关性由正变负,因此,导演的经验未必是票房的根本保证。

2.4　多元正态分布及其参数估计

　　多元正态分布是多元统计分析的基础。一般情况下,大多数变量都服从正态分布,即一个变量的取值对称地分布在一个区域中,中间区域取值的可能性大于两侧的可能性。如果一个变量不服从正态分布,也可以通过变换使其近似服从正态分布。另外,根据大数定律和中心极限定理,样本均值近似服从正态分布。因此,许多多元统计分析方法和统计模型的前提假设就是相关变量服从正态分布。一旦有了分布假设,就可以对获得的统计估计结果进行假设检验或统计证明。下面简要介绍多元正态分布密度函数以及参数的估计方法。

　　如果一元变量 X 服从正态分布,则 X 的密度函数为

$$f(\mu,\sigma) = \frac{1}{\sqrt{2\pi}\,\sigma}\exp\left[-\frac{(x-\mu)^2}{2\sigma^2}\right]$$

也可以写成

$$f(\mu,\sigma) = \frac{1}{(2\pi)^{1/2}\sigma}\exp\left[-\frac{1}{2}(x-\mu)'(\sigma^2)^{-1}(x-\mu)\right] \qquad (2.4)$$

其中,参数 μ 是总体的数学期望,参数 σ^2 是总体的方差,并记为 $X \sim N(\mu,\sigma^2)$。

　　如果 $x_1,x_2,\cdots,x_n$ 是来自正态总体 $N(\mu,\sigma^2)$ 的样本,则参数 μ 和 σ^2 的样本估计分别为

$$\hat{\mu} = \bar{x} = \frac{1}{n}\sum_{i=1}^{n}x_i$$

$$\hat{\sigma}^2 = s^2 = \frac{1}{n-1}\sum_{i=1}^{n}(x_i - \bar{x})^2$$

　　如果 p 个变量 $\boldsymbol{X} = (X_1,X_2,\cdots,X_p)'$ 服从多元正态分布,则其密度函数为

$$f(\boldsymbol{\mu},\boldsymbol{\Sigma}) = \frac{1}{(2\pi)^{p/2}|\boldsymbol{\Sigma}|^{1/2}}\exp\left[-\frac{1}{2}(\boldsymbol{X}-\boldsymbol{\mu})'\boldsymbol{\Sigma}^{-1}(\boldsymbol{X}-\boldsymbol{\mu})\right] \qquad (2.5)$$

并记为 $\boldsymbol{X} \sim N_p(\boldsymbol{\mu},\boldsymbol{\Sigma})$。

　　多元正态密度函数表达式(2.5)是式(2.4)的直接推广。其中,参数 $\boldsymbol{\mu} = (\mu_1,\mu_2,\cdots,\mu_p)'$ 是总体的数学期望向量,即 $\boldsymbol{\mu} = E\boldsymbol{X} = (EX_1,EX_2,\cdots,EX_p)' = (\mu_1,\mu_2,\cdots,\mu_p)'$;而 $\boldsymbol{\Sigma}$ 是

总体协方差矩阵,即

$$\boldsymbol{\Sigma} = \mathrm{cov}(\boldsymbol{X},\boldsymbol{X}) = \begin{bmatrix} \mathrm{cov}(X_1,X_1) & \mathrm{cov}(X_1,X_2) & \cdots & \mathrm{cov}(X_1,X_p) \\ \mathrm{cov}(X_2,X_1) & \mathrm{cov}(X_2,X_2) & \cdots & \mathrm{cov}(X_2,X_p) \\ \vdots & \vdots & & \vdots \\ \mathrm{cov}(X_p,X_1) & \mathrm{cov}(X_p,X_2) & \cdots & \mathrm{cov}(X_p,X_p) \end{bmatrix}$$

总体协方差矩阵是实对称矩阵,主对角线元素是各个分变量的方差,对角线之上的元素是两两变量的协方差。

如果 $X_i = (x_{1i}, x_{2i}, \cdots, x_{pi})'(i = 1, 2, \cdots, n)$ 是来自多元正态总体 $N_p(\boldsymbol{\mu}, \boldsymbol{\Sigma})$ 的样本,则总体参数 $\boldsymbol{\mu}$ 的样本估计为

$$\hat{\boldsymbol{\mu}} = (\hat{\mu}_1, \hat{\mu}_2, \cdots, \hat{\mu}_p)' = (\bar{x}_1, \bar{x}_2, \cdots, \bar{x}_p)'$$

总体协方差矩阵的样本估计为式(2.1),即

$$\hat{\boldsymbol{\Sigma}} = S = \frac{1}{n-1} \cdot$$

$$\begin{bmatrix} \sum_{i=1}^{n}(x_{1i}-\bar{x}_1)(x_{1i}-\bar{x}_1) & \sum_{i=1}^{n}(x_{1i}-\bar{x}_1)(x_{2i}-\bar{x}_2) & \cdots & \sum_{i=1}^{n}(x_{1i}-\bar{x}_1)(x_{pi}-\bar{x}_p) \\ \sum_{i=1}^{n}(x_{2i}-\bar{x}_2)(x_{1i}-\bar{x}_1) & \sum_{i=1}^{n}(x_{2i}-\bar{x}_2)(x_{2i}-\bar{x}_2) & \cdots & \sum_{i=1}^{n}(x_{2i}-\bar{x}_2)(x_{pi}-\bar{x}_p) \\ \vdots & \vdots & & \vdots \\ \sum_{i=1}^{n}(x_{pi}-\bar{x}_p)(x_{1i}-\bar{x}_1) & \sum_{i=1}^{n}(x_{pi}-\bar{x}_p)(x_{2i}-\bar{x}_2) & \cdots & \sum_{i=1}^{n}(x_{pi}-\bar{x}_p)(x_{pi}-\bar{x}_p) \end{bmatrix}$$

若 $\boldsymbol{X} = (X_1, X_2, \cdots, X_p)'$ 服从多元正态分布,则多元正态分布有以下几个重要性质:

(1)每个分量都服从正态分布。

(2)分量的线性组合仍服从正态分布。

(3)如果协方差矩阵是对角矩阵,则分量是相互独立的且服从正态分布的随机变量。

2.5 正态性的识别与检验

由于正态性假设是多元统计分析的基础,因此,在数据分析之前,对变量进行正态性检验是必要的。本节介绍两种方法,一是通过 Q - Q 图进行识别,二是通过假设检验进行判定,即识别样本 $x_1, x_2, \cdots, x_n$ 是否来自一个正态总体 $N(\mu, \sigma^2)$。

1. Q - Q 图的制作

(1)计算样本分位数。

对样本 $x_1, x_2, \cdots, x_n$ 进行排序,并记为 $x_{(1)} \leqslant x_{(2)} \leqslant \cdots \leqslant x_{(n)}$。于是有

$$P(X \leqslant x_{(i)}) = \frac{i}{n} \approx \frac{i - 0.357}{n + 0.25} \quad (\text{当样本量 } n \text{ 很大时})$$

此时,称 $x_{(1)}, x_{(2)}, \cdots, x_{(n)}$ 为样本分位数(Sample Quangtiles)。

(2)计算理论分位数。

由标准正态分布获取与样本概率相同的分位数 z_i,即 z_i 满足

$$P\left(\frac{X-\mu}{\sigma} \leqslant z_i\right) = \varphi(z_i) = \frac{i-0.375}{n+0.25}$$

或

$$z_i = \varphi^{-1}\left(\frac{i-0.375}{n+0.25}\right)$$

此时,称 $z_1, z_2, \cdots, z_n$ 为理论分位数(Theoretical Quangtiles)。

(3) 利用样本分位数和理论分位数 $(z_i, x_{(i)})(i=1,2,\cdots,n)$ 绘制散点图。

如果样本 $x_1, x_2, \cdots, x_n$ 来自正态总体,则近似地有如下直线关系:

$$\frac{x_{(i)}-\mu}{\sigma} \approx z_i$$

或

$$x_{(i)} \approx \mu + \sigma z_i$$

如果发现散点图近似直线,则认为样本来自正态总体。

实现 Q - Q 图制作的 R 函数包括 qqnorm( ) 和 qqline( )。其中,qqnorm( ) 绘制样本分位数和理论分位数的散点图;qqline( ) 绘制用于对比的直线。绘制电影票房 Q - Q 图的 R 语句为

> qqnorm(Boxoffice[,2]); qqline(Boxoffice[,2])

执行结果如图 2.1 所示。由 Q - Q 图可以判断,变量"票房"不具有正态性。

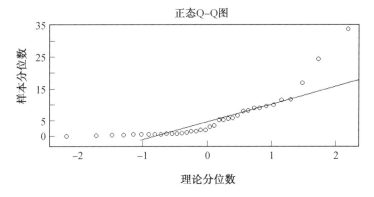

图 2.1　票房的 Q - Q 图

将票房变量进行对数变换,再制作 Q - Q 图的 R 语句为

> lnBox < - logb(Boxoffice[,2])　　　% 对票房进行对数变换

> qqnorm(lnBox); qqline(lnBox)　　　% 绘制变换后变量的 Q - Q 图和直线

执行结果如图 2.2 所示。由 Q - Q 图可以判断,进行对数变换后,ln(票房) 是近似正态的。

2. Shaprio - Wilk(夏皮罗 - 威尔克) 正态性检验

Shaprio - Wilk 正态性检验也称为正态 W 检验,其零假设是随机变量,服从正态分布,即

$$H_0: \quad X \sim N(\mu, \sigma^2)$$

执行 Shaprio - Wilk 检验的 R 函数是 shapiro. test( )。对票房进行 Shaprio - Wilk 正态性检验的语句为

> shapiro. test(Boxoffice[,2])

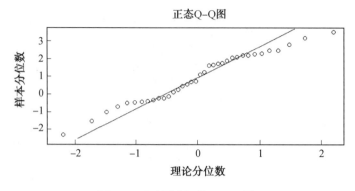

图 2.2　ln(票房) 的 Q - Q 图

执行结果如下:

```
Shapiro - Wilk normality test

data：  Boxoffice[ ,2]
W = 0.727 15,p - value = 7.769 × 10⁻⁷
```

其中,第一句 Shapiro - Wilk normality test 表明进行的是 Shaprio - Wilk 正态性检验;第二句说明数据源是票房数据集中的第二列;第三句给出统计量 W 的值(0.727 15)和显著性水平 P - 值(7.769×10^{-7})。由于 P - 值远远小于 0.05,因此拒绝零假设,即不能认为票房服从正态分布。进而,对 ln(票房) 进行 Shapiro - Wilk 正态性检验,执行语句和输出结果如下:

```
> lnBox < - logb(Boxoffice[ ,2])
> shapiro.test(lnBox)
```

```
Shapiro - Wilk normality test

data：  lnBox
W = 0.966 01,p - value = 0.326 8
```

由于 P - 值 = 0.326 8,因此接受零假设,即接受 ln(票房) 服从正态分布的假设。

由上面的分析可以看出,通过变换有可能使变量具有正态性。一种常用的变换统称为 Box - Cox 变换,其表达式为

$$y^\lambda = \begin{cases} \dfrac{y^\lambda - 1}{\lambda} & (\lambda \neq 0) \\ \ln y & (\lambda = 0) \end{cases}$$

该变换是与参数 λ 有关的一族变换,最常用的是对数变换。其他变换还包括平方根变换($\lambda = 0.5$)、倒数变换($\lambda = -1$)等。实施变换时,可以通过选择参数不断进行尝试或通过更复杂的建模手段确定 λ 的具体取值。

习　　题

1. 相关系数与偏相关系数的差异是什么? 什么情况下使用相关系数? 什么情况下使

用偏相关系数?

2. 偏相关系数又称为净相关分析,它的确反映了控制所有其他影响因素的"净相关性"吗? 请举例说明。

3. 相关性假设检验的目的是什么? 简单相关系数与偏相关系数的零假设是什么? 并指出零假设的具体含义。

4. 如果一个二元正态分布的数学期望是 $\mu = (0,2)'$,协方差矩阵是

$$\Sigma = \begin{bmatrix} 1 & 0 \\ 0 & 4 \end{bmatrix}$$

(1) 根据协方差矩阵说明两个分量之间的关系;

(2) 写出这个二元正态分布的密度函数表达式;

(3) 利用 R 的作图功能,绘制这个二元正态分布的密度函数图。

5. 为了解我国各地区医疗保健状况,在中华人民共和国国家统计局网站 http://www.stats.gov.cn/ 收集最近一年各省(自治区、直辖市)的如下医疗保健数据:预期寿命、人均 GDP、医疗保健费用、人口出生率、人口增长率和每千人医疗技术人员、医疗床位数。根据数据进行如下分析:

(1) 预期寿命与人均 GDP、医疗保健费用、人口出生率、人口增长率和每千人医疗技术人员、医疗床位数的相关系数以及显著性;

(2) 预期寿命与人均 GDP、医疗保健费用、人口出生率、人口增长率和每千人医疗技术人员、医疗床位数的偏相关系数以及显著性;

(3) 利用 Q - Q 图检验每个指标的正态性;

(4) 利用 S - W 检验识别每个指标的正态性;

(5) 如果某一变量不服从正态分布,寻找一种变换,使其能够通过 S - W 正态性检验。

6. 探索利用程序包 nortest 进行正态性检验的方法。

第3章　聚类分析

本章的学习目标：

1. 理解聚类分析的基本原理
2. 掌握系统聚类法和 K – 均值聚类法
3. 了解聚类分析中类别数的确定方法
4. 可以判别聚类分析的有效性
5. 可以利用 R 进行聚类分析

信息通信技术（Information and Communication Technology, ICT）早已渗透至经济发展的各个领域，并显著地提高了劳动生产率。作为一种新的产业形式，信息经济及衍生的数字经济逐渐成为经济结构转型升级和稳定经济发展的动力来源。反映我国信息通信发展水平的五个指标包括：互联网宽带接入端口数（Accesses）、互联网上网人数（Internet Fans）、移动电话普及率（Mobilephone Prevalence）、移动电话交换机容量（Exchange Capacity）和电信业务总量（Telecom Volume）。2016 年 31 个省（自治区、直辖市）的数据文件为"ICT. csv"，详细数据见表3.1。

表 3.1　我国信息通信发展水平指标

地区	互联网宽带接入端口数 / 万个	互联网上网人数 / 万人	移动电话普及率 /%	移动电话交换机容量 / 万户	电信业务总量 / 亿元
北京市	1 784	1 690	178.06	5 230	593.08
天津市	724.3	999	96.01	2 585	183.09
河北省	3 841.1	3 956	95.33	11 930.66	623.2
山西省	1 582.9	2 035	91.42	5 096.49	328.73
内蒙古自治区	1 200.7	1 311	98.04	6 294.1	249.64
辽宁省	3 239.5	2 741	101.13	6 775.17	512.71
吉林省	1 560.7	1 402	97.14	3 851.5	264.31
黑龙江省	1 964.9	1 835	90.69	8 546.86	320.28
上海市	1 595.7	1 791	130.44	4 424	509.97
江苏省	5 676.8	4 513	102.5	10 863.08	1 206.6
浙江省	4 720.6	3 632	129.27	11 698.66	1 116.48
安徽省	2 527.3	2 721	70.1	8 407.84	489.54
福建省	2 482.3	2 678	107.36	7 963.6	588.52
江西省	2 055.6	2 035	68.39	4 183.89	386.54
山东省	4 680	5 207	96.46	12 667.89	863.38
河南省	4 345.8	4 110	82.76	12 357	757.67

续表3.1

地区	互联网宽带接入端口数 / 万个	互联网上网人数 / 万人	移动电话普及率 /%	移动电话交换机容量 / 万户	电信业务总量 / 亿元
湖北省	2 594.7	3 009	79.59	8 748.7	515.29
湖南省	2 395.3	3 013	73.2	7 257.48	555.75
广东省	6 515.6	8 024	130.46	21 982.3	1 991.31
广西壮族自治区	2 094.9	2 213	78.01	5 191.13	388.96
海南省	522.9	470	102.75	1 612.4	125.95
重庆市	1 643.6	1 556	94.48	4 037	349.01
四川省	3 709.6	3 575	88.29	16 408.32	714.93
贵州省	1 113.9	1 524	86.71	4 908	336.23
云南省	1 674.4	1 892	82.65	5 759.45	500.98
西藏自治区	107.2	149	85.9	2 423	32.95
陕西省	2 083.1	1 989	100.02	5 111.48	464.99
甘肃省	946	1 101	84.44	3 128	232.05
青海省	262.2	320	90.95	1 308	67.21
宁夏回族自治区	307.1	339	106.15	1 414	94.73
新疆维吾尔自治区	1 323.9	1 296	88.91	6 375.03	252.85

注:未包含港、澳、台地区数据,下同。

从具体指标来看,各地区之间存在显著的差异。比如,移动电话普及率从最小值68.39%(江西省)到最大值178.06%(北京市)。总体上,经济不发达的中、西部地区不如经济发达的东部地区。为进一步评估各地区的信息通信发展水平,下面将采用多元统计中的聚类分析方法对31个省(自治区、直辖市)的信息通信水平进行类别划分,并进一步分析各类的基本特征。聚类分析法被广泛应用于自然科学(如生物科学中的物种分类)与社会科学领域(如营销管理中的客户细分),在管理科学中,它是进行精细化管理的一种量化分析手段。本章将介绍聚类分析的基本原理和两种聚类分析方法 —— 系统聚类和 K - 均值聚类及它们的 R 实现。

3.1　相似性的度量

1.点与点之间的相似性

聚类分析的目的在于将个体或样本分类,使得同一类中个体间的相似性较大,而不同类间的相似度较小。这将使同一类内的样本同质性强,类与类之间的样本异质性大。因此,首先应该具体度量不同样本之间的相似度,然后才能根据相似度的大小进行划分。聚类分析既可以对样本进行分类,也可以对指标或变量群进行分组,这两种分类的相似性度量是不同的。对样本进行分类时,相似度一般采用距离来刻画;对指标群进行分组时,相似度通常采用相关系数或类似的关联性度量。

下面首先给出样本间距离的度量方法。假设样本 X 与 Y 分别是两个 p 维向量,即 $X = (X_1, X_2, \cdots, X_p)'$,$Y = (Y_1, Y_2, \cdots, Y_p)'$,则常见的 X 与 Y 的距离 $d(X, Y)$ 有以下几种:欧氏距离、曼哈顿距离、明氏距离和马氏距离。

(1)欧氏(Euclidean)距离。这是最直观的距离度量方式,也是最常用的距离度量方式。即

$$d(X, Y) = \sqrt{(X_1 - Y_1)^2 + (X_2 - Y_2)^2 + \cdots + (X_p - Y_p)^2} \tag{3.1}$$

欧氏距离相对较为直观,易于理解,然而距离的大小会受到指标量纲的影响。比如,销售额的单位可以是亿元也可以是万元,采用不同的量纲,距离值的大小会发生变化。

(2)曼哈顿(Manhattan)距离。曼哈顿距离是样本之间在不同指标上的绝对距离之和,即

$$d(X, Y) = |X_1 - Y_1| + |X_2 - Y_2| + \cdots + |X_p + Y_p| \tag{3.2}$$

(3)明氏(Minkowski)距离。明氏距离是上面两种距离的一般化形式,即

$$d_q(X, Y) = \left[\sum_{i=1}^{p} |X_i - Y_i|^q \right]^{1/q} \tag{3.3}$$

当式(3.3)中的指数 $q = 1$ 时为曼哈顿距离;当 $q = 2$ 时为欧氏距离;当 q 趋近于无穷时为切比雪夫距离,此时有

$$d(X, Y) = \max_{1 \leqslant k \leqslant p} |X_k - Y_k| \tag{3.4}$$

与欧氏距离类似,这些距离的大小都与指标量纲有关。同时,这些距离度量也没有考虑指标之间的相关性。为了克服量纲的影响,在实际应用中,通常采用标准化后的数据计算距离。这样计算的距离与指标的单位无关,仍然没有考虑指标之间的相关性。

(4)马氏(Mahalanobis)距离。假设 X 与 Y 是从均值为 μ、协方差矩阵为 Σ 的总体中抽取的两个样本,则 X 与 Y 之间的马氏距离为

$$d_m^2(X, Y) = (X - Y)' \Sigma^{-1} (X - Y) \tag{3.5}$$

协方差矩阵能够反映指标之间的相关性,所以相对于明氏距离,马氏距离考虑了不同指标变量之间的相关性。另外,马氏距离对一切线性变换是不变的,所以马氏距离不受指标量纲的影响。在进行具体计算时,总体协方差矩阵用样本协方差矩阵代替。

聚类分析除了可以对样本进行分类,也可以对指标群进行分组。在指标之间定义的距离一般使用相似系数。两个指标之间的相似系数绝对值越接近于 1,二者的关系越密切;相似系数的绝对值越接近于 0,则二者的关系越疏远。对于间隔尺度的指标,常见的相似系数有夹角余弦和相关系数。

(1)夹角余弦。假设指标 i 与指标 j 在 n 个样本的取值分别为 $(x_{1i}, x_{2i}, \cdots, x_{ni})$ 与 $(x_{1j}, x_{2j}, \cdots, x_{nj})$,可利用这两个指标所代表的向量,计算两个向量的夹角余弦,即

$$C_{ij} = \frac{\sum_{k=1}^{n} x_{ki} x_{kj}}{\left[\left(\sum_{k=1}^{n} x_{ki}^2 \right) \left(\sum_{k=1}^{n} x_{kj}^2 \right) \right]^{1/2}} \tag{3.6}$$

当指标 i 与指标 j 成比例时,$C_{ij} = \pm 1$;当指标 i 与指标 j 完全无关时,夹角余弦的分子为 0,此时,$C_{ij} = 0$。由此计算得出的夹角余弦可以满足对相似系数的要求。

（2）相关系数。这是大家最熟悉的统计量之一，它相当于将数据标准化之后计算的夹角余弦，其计算公式在 2.2 节已有叙述，此处不再重复。

在 R 中，距离的计算有两种方式：一是利用基本的 dist( ) 函数计算距离，二是利用 R 扩展包"factoextra"中的 get_dist( ) 函数计算距离。相对于 dist( ) 函数，get_dist( ) 还可以计算指标之间的相关系数，同时也可以使用 fviz_dist( ) 对计算出的距离进行可视化展示。dist( ) 函数的使用格式为

dist(x,method = "euclidean",diag = FALSE,p = 2)

其中，x 是数据矩阵或数据框（通常是标准化数据）；method 是计算距离的方法（默认为欧氏距离）。欧氏距离为：method = "euclidean"；切比雪夫距离为：method = "maximum"；绝对值距离为：method = "manhattan"；明氏距离为：method = "minkowski"；diag = FALSE 表示显示对角线下的距离（默认）；p 是明氏距离的阶数。

根据表 3.1 中的数据计算样本间欧氏距离的 R 语句为

```
> ICT <- read.csv("F:/ICT.csv")       % 从路径 F:/ 中读入数据文件 ICT.csv
> ict <- ICT[ ,2:6]       % 选择第 2 列至第 6 列数据（每个地区 5 个指标的值）
> X <- scale(ict)       % 利用函数 scale( ) 对数据标准化以消除量纲的影响
> d <- dist(X,method = "euclidean")       % 计算样本间的欧氏距离
> d  % 显示输出结果
```

部分计算结果如下：

	1	2	3	4	5	6	7	8	9
2	4.063 004 5								
3	4.510 980 3	3.513 266 7							
4	4.080 583 5	1.077 647 7	2.473 942 9						
5	3.843 457 4	0.895 402 0	2.776 054 0	0.672 813 0					
6	3.755 676 4	2.272 950 8	1.440 567 6	1.344 030 1	1.690 280 6				
7	3.862 548 0	0.672 706 3	2.884 678 1	0.564 005 5	0.577 912 9	1.610 850 1			
8	4.174 360 6	1.641 211 5	2.052 599 3	0.791 613 7	0.844 610 7	1.248 184 4	1.125 996 4		
9	2.228 601 4	1.982 914 3	3.008 019 9	1.878 964 4	1.734 487 6	1.867 542 3	1.688 230 0	2.115 533 3	
10	5.005 060 2	4.923 440 4	1.953 606 8	3.955 160 0	4.311 896 6	2.721 202 9	4.281 273 9	3.701 764 5	3.999 932 7

例如：根据计算结果，1 号样本与 2 号样本之间的欧氏距离为 4.063，而与 10 号样本之间的欧氏距离为 5.005。同理，7 号样本与 4 号样本和 5 号样本之间的欧氏距离分别为0.564 和 0.578。

2. 类与类之间的相似性

在分类过程中，除了使用样本之间的距离，也需要计算类与类之间的距离。类与类之间的距离与类内样本的分布有关，也存在多种计算方式。假设存在两个类 G 和 H，其中分别有 l 个和 m 个样本，样本均值分别为 $\bar{X}_G$ 与 $\bar{X}_H$，则类 G 与类 H 之间的距离可以有以下几个常用的定义。

（1）最短距离法（Nearest Neighbor 或 Single Linkage）。

$$D_n(G,H) = \min_{X_i \in G, X_j \in H} d(X_i, X_j) \tag{3.7}$$

即类 G 和类 H 之间的距离等于类 G 与类 H 中最近两个样本间的距离。

（2）最长距离法（Farthest Neighbor 或 Complete Linkage）。

$$D_f(G,H) = \max_{X_i \in G, X_j \in H} d(X_i, X_j) \tag{3.8}$$

即类 G 和类 H 之间的距离等于类 G 与类 H 中最远两个样本间的距离。

（3）类平均法（Average Linkage）。

$$D_a(G,H) = \frac{1}{lm} \sum_{X_i \in G} \sum_{X_j \in H} d(X_i, X_j) \tag{3.9}$$

即类 G 和类 H 之间的距离等于类 G 与类 H 中所有两个样本间距离的平均值。

（4）重心法（Centroid Linkage）。

$$D_c(G,H) = d(\bar{X}_G, \bar{X}_H) \tag{3.10}$$

即类 G 和类 H 之间的距离等于类 G 重心 $\bar{X}_G$ 与类 H 重心 $\bar{X}_H$ 之间的距离。

（5）离差平方和法（Sum of Square 或 Ward）。

与单变量的方差类似，离差平方和是反映多变量分散或集中程度的统计量。离差平方和越大，类内样本越分散；离差平方和越小，则类内样本就越集中或样本更相似。首先计算类 G 和类 H 及合并后的离差平方和。类 G 和类 H 的离差平方和分别为

$$D_G = \sum_{X_i \in G} (X_i - \bar{X}_G)'(X_i - \bar{X}_G)$$

$$D_H = \sum_{X_j \in H} (X_j - \bar{X}_H)'(X_j - \bar{X}_H)$$

将类 G 和类 H 合并后，新类的离差平方和为

$$D_{G+H} = \sum_{X_i \in G \cup H} (X_i - \bar{X}_{G+H})'(X_i - \bar{X}_{G+H})$$

其中，$\bar{X}_{G+H} = \frac{1}{l+m} \sum_{X_k \in G \cup H} X_k$。于是，类 G 与类 H 的 Ward 距离平方可定义为

$$D_w^2(G,H) = D_{G+H} - D_G - D_H \tag{3.11}$$

利用 Ward 距离进行聚类时，如果两类内部样本的分布较为分散（D_G 和 D_H 较大），但两类又能连成一片（D_{G+H} 较小），则这两类就可以进一步聚成一类。

值得注意的是，在实际应用中，如果选择不同的类间距离计算公式，可能导致最终聚类结果有差异，选择哪一种距离需要根据聚类结果的合理性和可解释性而定。

3.2　系统聚类法

系统聚类法（Hierarchical Clustering Method）也称为分层聚类方法，该方法采用逐次合并策略，即每次将相似度最强的两个样本（两个类）或两个指标合并成一类，不断重复这一流程，直至到达所需要的类数或类数等于 1 为止。聚成 m 类的循环流程如图 3.1 所示。

在循环合并的过程中，第一次是样本与样本之间的合并，这时需要计算样本与样本之间的距离，即点与点之间的距离。而后，需要计算类与类之间的距离，并合并距离最近的两类。在第 3.1 节中，定义了五种不同类与类间距离的计算方法。根据类距离计算方式的不同，系统聚类中包括如下几种方法：最短距离法（Single）、最长距离法（Complete）、重心法（Centroid）、类平均法（Average）和离差平方和法（Ward），即每种距离计算方式对应了一种系统聚类法。

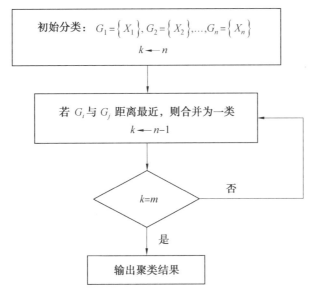

图 3.1   系统聚类流程图

实现系统聚类分析的 R 函数主要有以下两个:

1. 函数 hclust( )

该函数用于执行系统聚类分析,使用格式为

hclust(d,method = "complete")

其中,d 是由"dist"构成的距离结构;method 是系统聚类方法(默认最长聚类法)。最短距离法为:method = "single";最长距离法为:method = "complete";重心法为:method = "centroid";类平均法为:method = "average";离差平方和法为:method = "ward. D"。

2. 函数 plot( )

该函数用于建立系统聚类结果的树状图或谱系图(Dendrogram),使用格式为

plot(hc,hang = 1 或 - 1)

其中,hc 是 hclust 执行的结果;当 hang = 1 时,类从顶部画起;当 hang = - 1 时,类从底部画起。

实现本章案例系统聚类的 R 语句为

> ICT < - read. csv("F:/ICT. csv")   % 从路径 F:/ 中读入数据文件 ICT. csv

> ict < - ICT[,2:6]   % 选择第 2 列至第 6 列数据(5 个指标的值)

> X < - scale(ict)   % 利用函数 scale( )对数据标准化以消除量纲的影响

> d < - dist(X,method = "euclidean")   % 计算样本间的欧氏距离

> hc < - hclust(d,method = "complete")   % 采用系统聚类法中的最长距离法进行聚类分析

或   hc < - hclust(d,method = "ward. D")   % 采用系统聚类法中的离差平方和法进行聚类分析

> plot(hc,hang = 1)   % 绘制系统聚类结果的树状图

采用最长距离法和离差平方和法进行系统聚类的谱系图如图 3.2、图 3.3 所示。

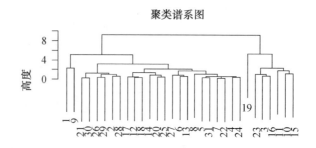

图 3.2　　最长距离法的谱系图

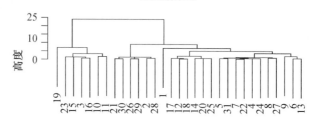

图 3.3　　离差平方和法的谱系图

从图 3.2、图 3.3 可以看出,我国信息通信发展水平具有鲜明的两类特征。根据谱系图,第一类应该包括标号为 19(广东)、23(四川)、3(河北)、16(河南)、11(浙江)、10(江苏) 和 15(山东) 的省份;余下省份为第二类。由于第一类都是我国的人口大省,因此,信息通信技术发展指标与人口密度有关。

3.3　K – 均值聚类法

在系统聚类法中,不需要事先指定最后的聚类数目,在进行聚类时可以按照某种准则确定较合适的聚类数目,细则将在下一节具体介绍。然而,系统聚类法首先要计算所有样本的距离,当样本量很大时,就要求计算机具有较高的存储和计算能力。在大数据情境下要快速得到聚类结果,可以在整个样本群中初步构建几个子群或类别,以此来降低聚类计算和存储的强度。

本节将介绍一种快速聚类方法, 即 K – 均值聚类法。K – 均值聚类法是由 Macqueen(1967) 提出的,其核心思想是将样本聚集在离其最近的类别之中,其主要步骤如图 3.4 所示。K – 均值聚类法的聚类结果在某种程度上依赖于最初凝聚点的选取,聚类结果缺乏稳定性。而系统聚类法在给定距离计算方式后,聚类结果较为稳定。然而,对于 n 个样本进行聚类时,系统聚类法需要存储 $n \times n$ 的样本距离矩阵,并进行 $n-1$ 步的聚类流程;K – 均值聚类法只需要进行数轮迭代(迭代次数与最初的凝聚点有关),每轮只需要计算 n 个样本和到 k 个凝聚点的距离,且无须存储这些距离,因此可以节省存储空间,提升聚类速度。

实现 K – 均值聚类的 R 函数是 kmeans( ),有的程序包对该函数进行过改进。kmeans 函数的格式为

kmeans(x, centers, iter. max = 10, nstart = 1, algorithm = c("Hartigan – Wong", "Lloyd", "Forgy", "MacQueen"))

其中,x 为数据集名;参数 centers 有两种设定方式:一是聚类的个数 K,二是 K 个初始凝聚

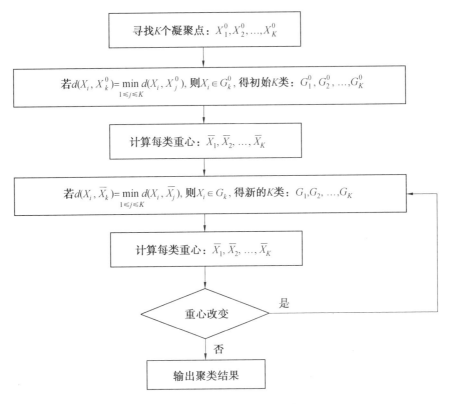

图 3.4　K – 均值聚类流程图

点；参数 iter. max 为最大的迭代次数；当 centers 为聚类个数 K 的时候，参数 nstart 可以设定随机选择的初始凝聚点的组数；参数 algorithm 是聚类所使用的迭代算法，默认为 Hartigan – Wong。

实现本章案例 K – 均值聚类的 R 语句为

> ICT < – read. csv("F:/ICT. csv")

> ict < – ICT[,2:6]

> X < – scale(ict)

> km < – kmeans (X,3)　　　% 采用 Hartigan – Wong 迭代算法进行 K – 均值聚类，类别数为 3

> km

输出结果如下：

K – means clustering with 3 clusters of sizes 2 ,22 ,7

Cluster means：

	accesses	netfans	MPprevalence	capacity	Telecomvolume
1	– 0.379 908 8	– 0.376 284 9	2.653 170 3	– 0.479 265 3	0.122 193 1
2	– 0.458 383 2	– 0.422 280 3	– 0.337 988 1	– 0.432 375 5	– 0.446 947 0
3	1.549 178 2	1.434 676 7	0.304 199 6	1.495 827 3	1.369 778 1

```
Clustering vector：
[1] 1 2 3 2 2 2 2 2 1 3 3 2 2 2 3 3 2 2 3 2 2 2 3 2 2 2 2 2 2

Within cluster sum of squares by cluster：
[1]   2.483 332     26.678 577     25.479 917
(between_SS / total_SS = 63.6 %)
```

输出结果给出了三类基本信息。第一部分（K – means clustering with 3 clusters of sizes）是每一类的样本量,本案例每类样本的个数分别为 2 个、22 个和 7 个;第二部分（Cluster means）是每一类的重心,通过每一类样本的均值发现:第 3 类的信息化水平最高,其次是第 1 类,最差的是第 2 类;第三部分（Clustering vector）是每个样本的 K – 均值聚类的结果,比如北京是第 1 类,天津是第 2 类,河北是第 3 类;第四部分（Within cluster sum of squares by cluster）给出了每一类的类内离差平方和,而 between_SS/total_SS 是三类的组间离差平方和与总离差平方和之比,表示三类样本能够解释总样本误差的程度。一般来说,这个比值越高,分类结果就越合理。

采用 MacQueen 迭代算法的 K – 均值聚类 R 语句和输出结果如下:
> kmeans(X ,3 ,algorithm = c("MacQueen"))

```
K – means clustering with 3 clusters of sizes 13 ,7 ,11

Cluster means：
        accesses        netfans        MPprevalence      capacity       Telecomvolume
1     – 0.805 553 27   – 0.782 490 91    0.280 739 7    – 0.730 733 48   – 0.641 281 0
2       1.549 178 17     1.434 676 68    0.304 199 6      1.495 827 30     1.369 778 1
3     – 0.033 823 16     0.011 785 92   – 0.525 364 8   – 0.088 295 99   – 0.113 799 5

Clustering vector：
[1] 1 1 2 3 1 3 1 3 1 2 2 3 3 3 2 2 3 3 2 3 2 3 1 1 2 1 3 1 3 1 1 1 1

Within cluster sum of squares by cluster：
[1] 23.653 868     25.479 917     7.227 686
(between_SS / total_SS = 62.4 %)
```

两种迭代法的聚类结果不一致。但从 between_SS/total_SS 来看,第一种迭代算法 Hartigan – Wong(63.6%) 比 MacQueen 算法(62.4%) 的解释能力更强一些。

为了查看 K – 均值聚类的可视化结果,需要下载 R 扩展包"factoextra",并利用 fviz_cluster( ) 函数输出分类的结果。本章案例 K – 均值聚类的可视化语句为
> install. packages("factoextra")　　　% 下载程序包"factoextra"
> library(factoextra)　　　　　　　% 载入程序包"factoextra"
> fviz_cluster(km ,X)　　　　　　　% 将 K – 均值聚类结果可视化
其中,km 是第一种迭代算法 Hartigan – Wong 的输出结果,X 是标准化原始数据集,可视化结果如图 3.5 所示。

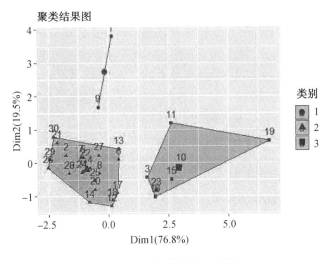

图 3.5　K – 均值聚类的可视化

3.4　类别数的确定方法

在系统聚类法中,可以对样本逐步合并,直到最终所有样本都属于一类为止。然而,这一过程仅仅包含了将样本逐步合并的过程,没有指出应当在何时停止聚类,或将样本划为几类。同样在 K – 均值聚类法中,需要事先确定聚类的数目,但应聚成几类也没有一定的标准。为此,本节将讨论在聚类分析中如何确定最终类别的数目。

实际上,因为缺少对类别的统一认识和定义,确定分类数目是聚类分析中还没有完全解决的问题之一。如果不了解每类应该有什么结构、包括什么内容,就很难从理论的角度对分类数目给出严谨的论证。在实践中,人们主要从实用的角度选择分类数目,下面是一些确定分类数目的基本准则:

准则 1:各类重心之间的距离较大;

准则 2:各类所包含的元素都不应过多;

准则 3:分类的数目应该符合使用的目的;

准则 4:不同聚类方法的划分结果应相对稳定。

显然,将所有样本聚成一类是完全不合适的,因为元素数目过多,且无法满足使用的目的。类似地,将所有样本各自独自成类也是不合适的,因为同样无法满足使用的目的,且大部分的类的重心之间的距离较小,类别不够突出。在实际应用中,可以使用一些统计指标帮助我们在这两个极端中寻找平衡,使类别的数目不会过多或过少,且每个类都相对较为突出。下面介绍用于寻找分类数目的两个统计指标,一个是系统聚类法中的“聚合系数”;另一个是 K – 均值聚类法中的“总类内离差平方和”。

1. 聚合系数(Agglomeration Coefficients)

在系统聚类中,每次合并的类与类间的距离就是聚合系数。在进行系统聚类时,首先将距离较小的类进行合并。随着聚类进程,每次合并的类与类之间的距离(即聚合系数)会逐渐增大。聚合系数小,意味着合并的两类相对较为类似;聚合系数大,则代表合并的两类可能差异比较大。由此,可以绘制以 x 轴表示分类数、y 轴表示聚合系数的曲线,该曲线显示了聚合系数随分类数增加的变化趋势,可以在曲线开始变平缓的拐点附近选择合适的类别数。

为了确定本章案例的类别数目,下面在实现 Ward 系统聚类法的基础上,绘制聚合系数曲线,其 R 语句为

> hc < - hclust(d,method = "ward. D")　　　% 利用 Ward 法实现系统聚类

> list(hc $ height)　　　　　　　　　　　　% 利用函数 list( ) 查看所有的聚合系

数值

> ClusterNum = c(30:1)　　　　　　　　　　% 绘制从 30 类聚成 1 类的聚合系数

> plot(ClusterNum,hc $ height)　　　　　　　% 绘制聚合系数曲线

这里使用了系统聚类中的 Ward 法,因为每次聚类都利用各类之间的最短距离,聚合系数变化会非常平缓,并逐渐将所有的样本聚为一类。使用 hclust( ) 函数聚类的结果被存储在对象 hc 中,该对象的属性 height 存储了每步聚类的聚合系数,具体结果如下:

[1]	0.239 812 6	0.274 285 4	0.374 782 5	0.386 296 7	0.430 703 4	0.481 524 2	0.500 324 5	0.505 734 0
[9]	0.583 148 3	0.641 107 1	0.684 694 7	0.730 806 0	0.757 767 9	0.882 828 0	0.941 875 4	1.151 944 4
[17]	1.199 685 2	1.236 463 2	1.341 826 9	1.382 193 0	1.506 171 6	2.056 469 5	2.083 064 9	3.280 506 5
[25]	3.633 981 8	4.962 486 9	6.704 386 8	6.943 611 0	8.873 243 0	24.026 845 2		

由图 3.6 可以看出,当聚类数目为 2 时,聚合系数的变动开始变得平缓,并从 8.87 下降至 6.94,由此可见,聚成两类比较合理。当类别数确定下来后,可以利用函数 rect. hclust( ) 绘制聚类数目为 2 时的树状谱系图,其 R 语句为

> hc < - hclust(d,method = "ward. D ")

> plot(hc,hang = 1)　　　　　　　　　　　% 绘制谱系图

> rect. hclust(hc,k = 2)　　　　　　　　　　% 将 2 个类别以矩形形式呈现

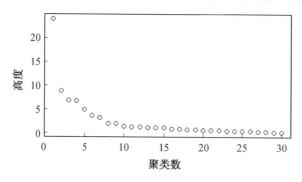

图 3.6　　聚合系数曲线

实现结果如图 3.7 所示。由图 3.7 可以看出:第一类包含了 23(四川)、15(山东)、3(河北)、16(河南)、10(江苏) 和 11 号(浙江) 这些人口总量较大的地区;其他地区均为第二类。由此可见,人口总量是我国信息化基础水平的一个决定性因素。

2. 总类内离差平方和(Total Within Sum of Squares)

由于 K - 均值聚类是将类似的对象分成一类,其结果应具有类内离差平方和较小、类间离差平方和较大的特点。随着分类数目增多,总类内离差平方和将逐步下降,但下降速度在分类数目到达一定程度后开始变得平缓。相对地,类间离差平方和将逐渐增加。由此,可以利用总类内离差平方和随分类数目增加的变化趋势绘制曲线图,并在曲线开始变

图 3.7　聚成两类的树状图

得平缓的拐点处选择合适的分类数。绘制总类内离差平方和(wss)曲线可以利用程序包 factoextra 中的 fviz_nbclust( ) 函数实现,其 R 语句为

> library(factoextra)　　　　　　　　　　　　% 调用程序包 factoextra

> fviz_nbclust(scale(ict),kmeans,method = "wss")　% 利用 wss 确定 K – 均值聚类的类别数目

所绘制的总类内离差平方和(wss)曲线如图 3.8 所示。由图 3.8 可以看出,曲线在 $k = 5$ 处开始变得平缓,因此,聚成 5 类比较合理。利用 K – 均值聚成 5 类的可视化结果如图 3.9 所示。

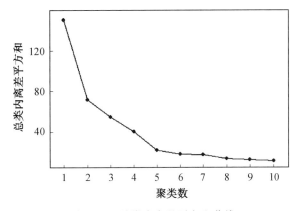

图 3.8　总类内离差平方和曲线

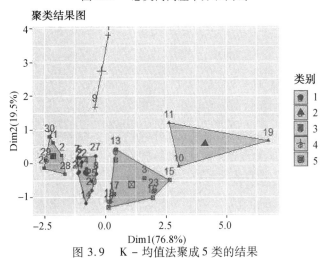

图 3.9　K – 均值法聚成 5 类的结果

3.5　类与类之间的差异性分析

当根据聚合系数或总类内离差平方和确定类别数后,还需要对系统聚类或 K - 均值聚类的结果进行有效性评估。因为聚类分析需要将样本尽可能分成差异较大的几个类,一种用于评估聚类结果是否有效的方法就是对聚类结果进行类与类之间的差异性分析。如果在统计意义上类与类之间有显著的差异,则可以认为聚类分析结果有效。最常用的比较分析方法就是方差分析法(Analysis of Variance,ANOVA)。

方差分析是一种用于检验两类或两类以上的样本是否具有显著性差异的统计检验方法。实际上,总体样本的误差或总离差平方和可以分解成两个部分:一个是类间的差异,也称为总类间离差平方和;另一个是随机误差,又称总类内离差平方和。当类间的差异远远大于随机误差时,说明样本的总体误差是由类间的差异造成的,因此可以判定各组之间有显著的差异。于是,可以利用总类间离差平方和及总类内离差平方和进行类间差异的显著性检验,这也是 K - 均值聚类选择总类内离差平方和作为确定类别数的主要依据。

(1) 系统聚类结果的有效性。

根据聚合系数,如果采用 Ward 法进行系统聚类,则聚成两类比较合理。下面利用 ANOVA 说明其类别间差异的显著性。实现方差分析的 R 函数为 aov( ),其使用格式为

```
aov(formula,data)
```

其中,formula(公式)是指标和分类变量之间的一个线性关系,如果这个公式是 accesses ~ group,则表示对指标 accesses 进行单因素方差分析。实现指标 accesses 方差分析的 R 语句为

```
> ICT < - read. csv("F:/ICT. csv")
> ict < - ICT[ ,2:6]
> X < - scale(ict)                    % 原始数据标准化
> d < - dist(X,method = "euclidean")  % 计算样本间的欧氏距离
> hc < - hclust(d,method = "ward. D") % 利用 Ward 法进行系统聚类
> cluster_ward < - cutree(hc,k = 2)   % 利用 cutree( ) 函数保存两类信息
> hc_ward < - cbind(ict,cluster_ward = as. character(cluster_ward))  % 利用
cbind( ) 函数合并数据与分类结果
> AOV < - aov(accesses ~ cluster_ward,hc_ward)  % 对指标 accesses 进行方差
分析
> summary. aov(AOV)                    % 查看方差分析结果
```

输出结果如下:

	Df	Sum Sq	Mean Sq	F value	Pr(> F)
cluster_ward	1	55 832 939	55 832 939	75. 81	1.38e - 09 ∗ ∗ ∗
Residuals	29	21 356 967	736 447		
− − −					
Signif. codes:0 ' ∗ ∗ ∗ ' 0. 001 ' ∗ ∗ ' 0. 01 ' ∗ ' 0. 05 '. ' 0. 1 ' ' 1					

由输出结果可以看出:组间的离差平方和为 55 832 939,组内离差平方和为

21 356 967；F 统计量的取值为 75.81，它是组间离差平方和均值 55 832 939 与组内离差平方和均值 736 447 的比值。由于 $Pr(>F) = 1.38 \times 10^{-9}$ 远远小于 0.000，所以对指标 accesses 而言，两组之间有显著的差异。

实现指标 MPprevalence 两类方差分析的 R 语句和输出结果为

> AOV <- aov(MPprevalence ~ cluster_ward,hc_ward)

> summary. aov(AOV)

	Df	Sum Sq	Mean Sq	F value	Pr(> F)
cluster_ward	1	389	389.3	0.832	0.369
Residuals	29	13 569	467.9		

由于 $Pr(>F) = 0.369$ 大于 0.1，因此，对指标 MPprevalence 而言，聚成两类不够合理。在本案例的 5 个指标中，这是唯一不显著的结果。

（2）K - 均值聚类结果的有效性。

根据总类内离差平方和曲线，确认利用 K - 均值聚类成 5 类比较合理，下面利用 ANOVA 说明其类别间差异的显著性。实现指标 accesses 方差分析的 R 语句为

> km <- kmeans (X,5)　　　　　　　% 利用 K - 均值聚成 5 类

> KM <- cbind(ict,cluster_km = as. character(km $ cluster))　　% 合并原始数据与聚类结果

> AOV <- aov(accesses ~ cluster_km,KM)　　% 对指标 accesses 进行方差分析

> summary. aov(AOV)　　　　　　　% 查看方差分析结果

输出结果如下：

	Df	Sum Sq	Mean Sq	F value	Pr(> F)
cluster_km	4	67 765 527	16 941 382	46.74	1.66e - 11 * * *
Residuals	26	9 424 379	362 476		
- - -					
Signif. codes：　0 ' * * * ' 0.001 ' * * ' 0.01 ' * ' 0.05 '.' 0.1 ' ' 1					

由 P 值可以看出，对指标 accesses 而言，5 类之间有显著的差异。其他几个指标也都是显著的。

此外，还可以用多元方差分析方法检验不同类别在 5 个指标（accesses、netfans、MPprevalence、capacity、Telecomvolume）上是否同时存在显著的差异。实现多元方差分析的 R 函数是 manova( )，其 R 语句为

> manova_KM <- manova(cbind(accesses,netfans,MPprevalence,capacity, Telecomvolume) ~ cluster_km,KM)

> summary. aov(manova_KM)　　　　% 显示单因素方差分析结果

> summary(manova_KM)　　　　　　% 显示多元方差分析结果

现省略单因素方差分析的输出结果，而多元方差分析的输出结果如下：

	Df	Pillai	approx F	num Df	den Df	Pr(> F)
cluster_km	4	2.133 6	5.716 1	20	100	1.447e - 09 * * *
Residuals 26						

Signif. codes:0 ' * * * ' 0.001 ' * * ' 0.01 ' * ' 0.05 '.' 0.1 ' ' 1

由 P – 值可以看出,总体上,5 类之间有显著的差异。因此,K – 均值聚类是有效的。一般来说,如果每个单因素方差分析结果都是显著的,则多元方差分析结果也是显著的,反之不然。

习　　题

1. 聚类分析的目的是什么?

2. 系统聚类法和 K – 均值聚类法的分析步骤是什么? 它们有什么区别?

3. 如何判定聚类分析的有效性?

4. 利用第 2 章的电影票房数据,完成下列统计分析:

(1) 用系统聚类法对电影进行分类,并确定最合适的分类个数;

(2) 根据分类数,用 K – 均值聚类法对 36 部电影重新进行分类,并比较与系统聚类结果的差异;

(3) 利用聚合系数和总类内离差平方和,判断利用系统聚类法和 K – 均值聚类法将样本分类后,各自分类结果的有效性。

5. 为了解我国各地区医疗保健状况,在中华人民共和国统计局网站 http://www. stats. gov. cn/ 收集最近一年各省(自治区、直辖市) 的如下医疗保健数据:预期寿命、人均 GDP、医疗保健费用、人口出生率、人口增长率和每千人医疗技术人员、医疗床位数。利用数据进行如下分析:

(1) 用系统聚类法对我国各地区的医疗保健状况进行分类,并确定最合适的分类个数;

(2) 根据(1)中的分类个数,利用 K – 均值聚类法对各地区重新进行分类。分析结果有什么不同?

(3) 说明聚类结果的合理性。

6. 利用系统聚类法实现对电影票房指标的分组。

7. 探索利用程序包 cluster 实现聚类分析的方法。

第4章　判别分析

本章的学习目标:

1. 了解判别分析与聚类分析的关系与区别
2. 掌握距离判别法和 Bayes 判别法
3. 能够识别判别分析的有效性
4. 可以利用 R 进行判别分析

中国银行保险监督管理委员会需要掌握各家银行的运营和风险管控情况,为了实现有效管理,他们收集并整理了某年经过严格审计的商业银行数据,其中包括风险较低的商业银行28家,风险较高的商业银行25家。相关指标包括:保留收入比、息税前收入比和销售比,都是不同收入指标与总资产的比重。第一组是28家风险低、运营良好的企业,将其标识为1组;第二组是25家风险高、运营差的企业,将其标识为2组。数据文件命名为"risk.csv",详细数据见表4.1,其中"?"是3家等待识别其风险类别的企业。

表4.1　金融风险管理数据

组别	保留收入比	息税前收入比	销售比	组别	保留收入比	息税前收入比	销售比
1	26.76	14.19	3.085	2	− 76.21	− 57.89	2.88
1	38.74	10.67	0.75	2	− 118.74	− 76.53	2.68
1	− 2.14	16.88	2.24	2	− 74.82	− 134.76	1.052
1	1.86	− 5.39	1.80	2	− 63.92	4.75	2.15
1	29.08	18.11	1.65	2	− 115.16	− 125.37	1.45
1	26.85	3.67	2.07	2	− 54.15	− 40.08	2.10
1	58.44	22.89	2.81	2	− 34.48	− 109.75	1.54
1	14.10	14.00	0.80	2	− 29.71	42.77	− 0.25
1	40.09	14.53	1.67	2	− 85.46	14.93	2.51
1	1.63	24.90	3.36	2	− 172.51	2.30	2.73
1	19.93	10.40	3.00	2	− 191.19	− 56.81	3.24
1	29.52	8.00	1.94	2	− 60.65	0.28	0.46
1	27.74	21.75	2.43	2	− 0.47	− 52.04	0.23
1	48.90	23.10	3.15	2	− 75.31	5.19	1.10
1	52.77	11.90	0.92	2	− 80.50	− 32.43	1.53
1	57.37	22.38	2.85	2	− 79.94	− 13.29	2.44
1	27.70	23.00	2.54	2	− 169.26	− 5.33	1.58
1	19.61	20.26	3.29	2	− 102.44	− 92.70	2.31
1	44.36	29.40	1.40	2	− 2.36	− 58.21	2.05

续表4.1

组别	保留收入比	息税前收入比	销售比	组别	保留收入比	息税前收入比	销售比
1	35.75	8.75	2.87	2	- 9.17	- 39.07	2.31
1	16.62	- 14.50	1.09	2	- 54.36	- 27.04	0.85
1	43.33	18.01	2.44	2	0.15	- 52.37	0.04
1	15.98	15.01	1.78	2	25.27	- 78.63	0.20
1	73.95	16.19	2.80	2	- 36.91	28.45	0.63
1	50.56	4.752	1.88	2	65.75	- 1.55	- 0.02
1	49.80	3.68	3.11	?	- 3.30	4.00	2.70
1	10.56	7.85	2.65	?	- 9.17	- 39.07	2.31
1	69.41	- 0.48	1.49	?	12.50	7.00	1.80

4.1　模式识别与判别分析的基本原理

人们在观察事物时,会根据一定的目的把各个特征相似但不完全相同的事物或样本归为一类。比如:在金融风险管理中,需要识别信用风险高的人群或企业。这时,可以将风险高的人群或企业视为一类,而将风险低的群体视为另一类;在医疗保健机构,医护人员需要识别罹患阿尔茨海默病的高危人群。这时,有疾病症状的为一类;无病症的是另一类。因此,如果已知每个类别的基本特征,这样的类别就是"模式"。如果能够获取模式中的部分个体(比如本章案例的两组样本),就可以通过统计方法或其他数据挖掘方法对不同的模式进行识别。

根据每类样本建立判别模型,并能够依此对相关新事物或新样本的类别进行识别的过程就是模式识别。前面的案例都是两类模式识别问题,当然还可以有三类模式识别、四类模式识别等。如果将信用风险划分为高、中、低,就是三类模式识别问题。模式识别是人类的一项基本能力,也是信息科学与人工智能的雏形和重要的组成部分,其基本问题可以进一步描述为:已知存在 m 个模式或类别 $G_1, G_2, \cdots, G_m$,每一类分别包含 $n_1, n_2, \cdots, n_m$ 个样本。现有一个或多个新样本,如何判断它属于哪一个类别?

值得注意的是,尽管判别分析与聚类分析都与类别划分有关,但它们的本质是不同的。聚类分析是将一群观察对象分成特征类似的几个组或类别,这一聚类过程是没有参照对象的。与聚类分析不同,判别分析是参照已知对象或样本的类别,通过学习建立有效的模式识别规则,进而对新事物进行类别判定的过程。在机器学习理论中,前者称为无监督的学习;后者称为有监督的学习。当没有参照对象时,只有通过聚类分析将观察对象聚成类,形成参照样本,才可以进一步进行判别分析。

统计判别分析是一种最通用的模式识别方法,其基本假设和分析原理如下:

(1)类别要求。至少存在两个或两个以上不同的类别,且在同一模式或类别下,样本彼此之间相似度较高;在不同模式或类别下,样本之间的相似度较低。

(2)样本要求。每个类别最好包含 20 个以上的样本或每类样本个数至少是指标个数的 3 倍,且应有可测量和可获取的指标来描述这些样本。

(3)判别原理。计算新样本或待分样本与不同类别之间的距离或相似程度,从而将样本划分到距离最近或相识度最强的类别中。

最常用的统计判别分析方法是距离判别法和 Bayes 判别法,下面将详细介绍这两种判别法的基本原理及 R 软件的实现。

4.2　距离判别法

距离判别法是一种最直观的判别分析方法,其核心是定义样本与不同模式或类别的距离。如果样本离某一类别的距离最近,则可将该样本划分到这一类别中。为简便起见,首先介绍对两类样本进行距离判别的方法。

假设有两类样本分别来自不同的总体 $\boldsymbol{G}_1$ 和 $\boldsymbol{G}_2$,按照距离判别法的基本原理,对新样本 x 的距离判别准则可表述为

$$\begin{cases} \boldsymbol{x} \in \boldsymbol{G}_1, & d(\boldsymbol{x},\boldsymbol{G}_1) < d(\boldsymbol{x},\boldsymbol{G}_2) \\ \boldsymbol{x} \in \boldsymbol{G}_2, & d(\boldsymbol{x},\boldsymbol{G}_1) > d(\boldsymbol{x},\boldsymbol{G}_2) \\ \text{待定}, & d(\boldsymbol{x},\boldsymbol{G}_1) = d(\boldsymbol{x},\boldsymbol{G}_2) \end{cases} \tag{4.1}$$

在距离判别法中,距离的测量一般使用平方马氏距离。若假设总体 $\boldsymbol{G}_1$ 和 $\boldsymbol{G}_2$ 的期望分别为 $\boldsymbol{\mu}_1$ 和 $\boldsymbol{\mu}_2$,协方差矩阵分别为 $\boldsymbol{\Sigma}_1$ 和 $\boldsymbol{\Sigma}_2$,则平方马氏距离的计算公式为

$$\begin{cases} d(\boldsymbol{x},\boldsymbol{G}_1) = (\boldsymbol{x} - \boldsymbol{\mu}_1)'\boldsymbol{\Sigma}_1^{-1}(\boldsymbol{x} - \boldsymbol{\mu}_1) \\ d(\boldsymbol{x},\boldsymbol{G}_2) = (\boldsymbol{x} - \boldsymbol{\mu}_2)'\boldsymbol{\Sigma}_2^{-1}(\boldsymbol{x} - \boldsymbol{\mu}_2) \end{cases} \tag{4.2}$$

如果两个总体的协方差矩阵相等,即当 $\boldsymbol{\Sigma}_1 = \boldsymbol{\Sigma}_2 = \boldsymbol{\Sigma}$ 时,经过整理,判别准则式(4.1)可以写成

$$\begin{cases} \boldsymbol{x} \in \boldsymbol{G}_1, & \text{若 } W(\boldsymbol{x}) > 0 \\ \boldsymbol{x} \in \boldsymbol{G}_2, & \text{若 } W(\boldsymbol{x}) < 0 \\ \text{待定}, & \text{若 } W(\boldsymbol{x}) = 0 \end{cases} \tag{4.3}$$

其中,函数 $W(\boldsymbol{x})$ 的表达式为

$$W(\boldsymbol{x}) = 0.5(d(\boldsymbol{x},\boldsymbol{G}_2) - d(\boldsymbol{x},\boldsymbol{G}_1)) = (\boldsymbol{x} - \bar{\boldsymbol{\mu}})'\boldsymbol{\Sigma}^{-1}(\boldsymbol{\mu}_1 - \boldsymbol{\mu}_2) = (\boldsymbol{x} - \bar{\boldsymbol{\mu}})'a \tag{4.4}$$

在式(4.4)中,参数 $\bar{\boldsymbol{\mu}}$ 和 a 分别为

$$\bar{\boldsymbol{\mu}} = \frac{\boldsymbol{\mu}_1 + \boldsymbol{\mu}_2}{2}, \quad a = \boldsymbol{\Sigma}^{-1}(\boldsymbol{\mu}_1 - \boldsymbol{\mu}_2)$$

式(4.4)函数是一个线性函数,也称为线性判别函数。线性判别函数除了表达式简洁、编程方便以外,还具有明确的几何意义。以二维数据 $\boldsymbol{x} = (\boldsymbol{x}_1, \boldsymbol{x}_2)$ 为例,此时的线性判别函数是 x_1 与 x_2 的线性函数,可以将其表示为 $w(\boldsymbol{x}) = a_0 + a_1 x_1 + a_2 x_2$。如果第一类样本用实心正三角表示,第二类用空心倒三角表示,将两类样本和线性判别函数绘制在图 4.1 中,可以发现:当两类模式具有显著的差异时,线性判别函数可以有效地区分两类样本。

当总体 $\boldsymbol{G}_1$ 与 $\boldsymbol{G}_2$ 的数学特征 $\boldsymbol{\mu}_1, \boldsymbol{\mu}_2$ 和 $\boldsymbol{\Sigma}$ 未知时,可以根据统计学的估计理论,利用样本估计这些参数。假设来自总体 $\boldsymbol{G}_1$ 的样本个数为 n_1,均值向量为 $\bar{x}_1$,离差平方和阵为 S_1;来自总体 $\boldsymbol{G}_2$ 的样本个数为 n_2,均值向量为 $\bar{x}_2$,离差平方和阵为 S_2,则参数 $\boldsymbol{\mu}_1, \boldsymbol{\mu}_2$ 和 $\boldsymbol{\Sigma}$ 的样本估计分别为

$$\boldsymbol{\mu}_1 = \bar{x}_1, \quad \boldsymbol{\mu}_2 = \bar{x}_2, \quad \boldsymbol{\Sigma} = \frac{1}{n_1 + n_2 - 2}(S_1 + S_2)$$

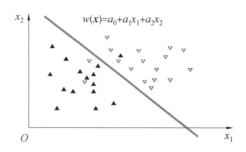

图 4.1　　线性判别函数的几何意义

当 $\boldsymbol{\Sigma}_1 \neq \boldsymbol{\Sigma}_2$ 时,判别函数无法进行化简,由于马氏距离是二次型,此时的判别函数是 x 的二次函数。当进行多于两类的判别分析时,距离判别法的执行过程与两类类似。若所有组的总体协方差矩阵均相等,则仍然可以得到类似的线性判别函数;若各类的总体协方差矩阵不全相等,则与两类总体类似,判别函数仍为样本 x 的二次函数。

在 R 语言中,可以利用多种方式完成距离判别法。现以本章案例为例,介绍一种可以实现距离判别法的 R 语句。距离判别法采用最近马氏距离原则进行判别,因此,实现距离判别法的主要 R 函数包括两个:一个是用于计算马氏距离的函数 mahalanobis( );另一个是对距离进行比较的函数 which. min( ) 或 max. col( )。

（1）计算待判样本到第 k 类的马氏距离

$d_k < -$ mahalanobis$(x, \text{mean}_k, \text{cov}_k), k = 1, 2, \cdots, m$

$d < -$ c$(d_1, d_2, \cdots, d_m)$

其中,x 是待判样本;mean_k 是第 k 类的中心;cov_k 是第 k 类的协方差矩阵。

（2）比较待判样本到各类的马氏距离

which. min(d) 或 max. col(d)

如果 d 是一个待判样本到每个类别的马氏距离向量,可使用 which. min(d),该函数返回最小距离在 d 向量中的位置;如果 d 是多个待判样本到每个类别的马氏距离矩阵,通常使用 max. col(d),该函数返回距离矩阵每一行中最大值的位置。

例如:有 3 个待判样本,它们到第一类和第二类的距离可以写成如下矩阵:

$$\boldsymbol{d} = \begin{bmatrix} 2.3 & 1.6 \\ 3.5 & 5.7 \\ 1.2 & 4.4 \end{bmatrix}$$

即第一个样本到第一类的马氏距离为 2.3,到第二类的马氏距离为 1.6。矩阵 $\boldsymbol{d}$ 的第二行和第三行分别是第二个和第三个样本到两类的马氏距离。由 max. col(d) 可以得到如下结果:1,2,2,即函数 max. col(d) 给出 $\boldsymbol{d}$ 中每一行最大值的位置。根据距离最小化原则,3 个待判样本的所属类别应该分别是:2,1,1。于是,对两类模式识别而言,可将判别准则写成:3 − max. col(d)。

本章案例距离判别法的执行语句如下:

```
> Risk < - read. csv("F:/risk. csv")        % 读入原始数据
> risk1 < - Risk[which(Risk $ group == 1),]     % 利用 which( ) 函数提取第一类
样本
> risk2 < - Risk[which(Risk $ group == 2),]     % 利用 which( ) 函数提取第二类
```

样本

```
> Risk1 < - risk1[2:4]                % 选择第一类的指标
> Risk2 < - risk2[2:4]                % 选择第二类的指标
> mean1 < - colMeans(Risk1)          % 利用colMeans()函数计算第一类的均值向量
> mean2 < - colMeans(Risk2)          % 利用colMeans()函数计算第二类的均值向量
> cov1 < - cov(Risk1)                % 利用cov()函数计算第一类的协方差矩阵
> cov2 < - cov(Risk2)                % 利用cov()函数计算第二类的协方差矩阵
> pred < - Risk[54:56,2:4]           % 提取待判样本
> dist1 < - mahalanobis(pred,mean1,cov1) % 利用mahalanobis()计算样本到第
一类的马氏距离
> dist2 < - mahalanobis(pred,mean2,cov2) % 利用mahalanobis()计算样本到第
二类的马氏距离
> d < - data.frame(dist1,dist2)      % 利用data.frame()函数将计算的马氏距离
形成数据框
> d                                  % 查看每个样本的马氏距离
```

	dist1	dist2
54	4.659 836	8.313 662
55	34.664 880	4.102 140
56	1.431 811	5.040 328

由输出的结果可以看出:第 54 号待判样本与第一、二类的马氏距离分别为 4.66 和 8.31;第 55 号待判样本与第一、二类的马氏距离分别为 34.66 和 4.10;第 56 号待判样本与第一、二类的马氏距离分别为 1.43 和 5.04。因此,根据最小距离原则,可将 54 号和 56 号待判样本划分为风险低、运营良好的企业;将 55 号划分为风险高的企业。当然,也可以利用 max.col() 进行距离的比较,其 R 语句为

```
> predicted < - 3 - max.col(d)       % 寻找最小距离的位置
> predicted                          % 查看判别结果
[1] 1 2 1
```

输出结果显示,基于距离最近准则,可将这三个样本分别划分到第一组、第二组和第一组。

4.3　Bayes 判别法

首先,与距离判别法不同,Bayes 判别法假定事先对研究的每类事先有一定的认识,即已知其先验概率分布,并按照概率分布获取参照样本(监督学习样本)。其次,利用待判样本对先验概率进行修正,得到后验概率。最后,依据后验概率最大原则对待判样本进行识别和判定,这就是 Bayes 判别法的基本原理。

以两类模式识别为例,假设总体 G_1 和 G_2 的先验概率分别是 $P(G_1) = q_1$ 和 $P(G_2) = q_2$,两个总体的分布密度函数为 $f_1(x)$ 与 $f_2(x)$。那么,对一个待判样本 x,可以根据 Bayes 公式计算后验概率 $P(G_1 \mid x)$ 与 $P(G_2 \mid x)$。此时,根据后验概率最大原则,有如下判别准则:

$$\begin{cases} x \in G_1, & 若 P(G_1 \mid x) > P(G_2 \mid x) \\ x \in G_2, & 若 P(G_1 \mid x) < P(G_2 \mid x) \\ 待定, & 若 P(G_1 \mid x) = P(G_2 \mid x) \end{cases} \quad (4.5)$$

如果两个总体均为正态总体，则可以进一步写出判别准则的具体表达形式。此时，根据两类的样本量，总体 G_1 和 G_2 先验概率的估计为

$$\hat{P}(G_1) = q_1 = \frac{n_1}{n_1 + n_2}, \quad \hat{P}(G_2) = q_2 = \frac{n_2}{n_1 + n_2}$$

两个总体的分布密度函数分别为

$$f_1(x) = \frac{1}{(2\pi)^{p/2} |\Sigma_1|^{1/2}} e^{-\frac{1}{2}(X-\mu_1)'\Sigma_1^{-1}(X-\mu_1)}, \quad f_2(x) = \frac{1}{(2\pi)^{p/2} |\Sigma_2|^{1/2}} e^{-\frac{1}{2}(X-\mu_2)'\Sigma_2^{-1}(X-\mu_2)}$$

于是，当给出待判样本 x 后，根据概率论的 Bayes 公式，总体 G_1 和 G_2 的后验概率可以进一步简化为

$$\begin{aligned} P(G_1 \mid x) &= \frac{q_1 f_1(x)}{q_1 f_1(x) + q_2 f_2(x)} \propto q_1 |\Sigma_1|^{-1/2} e^{-\frac{1}{2}(X-\mu_1)'\Sigma_1^{-1}(X-\mu_1)} \\ &\propto \ln q_1 - 0.5\ln|\Sigma_1| - 0.5(X-\mu_1)'\Sigma_1^{-1}(X-\mu_1) \\ &= \ln q_1 - 0.5\ln|\Sigma_1| - 0.5d(x, G_1) \end{aligned} \quad (4.6)$$

$$\begin{aligned} P(G_2 \mid x) &= \frac{q_2 f_2(x)}{q_1 f_1(x) + q_2 f_2(x)} \propto q_2 |\Sigma_2|^{-1/2} e^{-\frac{1}{2}(X-\mu_2)'\Sigma^{-1}(X-\mu_2)} \\ &\propto \ln q_2 - 0.5\ln|\Sigma_2| - 0.5(X-\mu_2)'\Sigma_2^{-1}(X-\mu_2) \\ &= \ln q_2 - 0.5\ln|\Sigma_2| - 0.5d(x, G_2) \end{aligned} \quad (4.7)$$

其中，$d(x, G_1)$ 和 $d(x, G_2)$ 分别是待判样本到第一类和第二类的马氏距离。由于马氏距离是一个二次型，因此，由式(4.6)和式(4.7)形成的 Bayes 判别函数为二次判别函数。

值得注意的是，经过一系列等价变换，后验概率的比较几乎相当于马氏距离的比较。另外，后验概率的等价形式为

$$\ln q_i - 0.5\ln|\Sigma_i| - 0.5d(x, G_i), \quad i = 1, 2$$

其取值未必在 $0-1$ 之间，只要比较所得数值的大小即可。

当两类的协方差矩阵相等时（$\Sigma_1 = \Sigma_2 = \Sigma$），Bayes 判别准则可进一步简化为

$$\begin{cases} x \in G_1, & 若 W(x) > \ln(q_2/q_1) \\ x \in G_2, & 若 W(x) < \ln(q_2/q_1) \\ 待定, & 若 W(x) = \ln(q_2/q_1) \end{cases} \quad (4.8)$$

其中

$$W(X) = (X - \bar{X})'(S_1 + S_2)^{-1}(\bar{X}_1 - \bar{X}_2) = (X - \bar{X})'a$$

该函数就是距离判别法中的线性判别函数式(4.4)。

多组正态总体的 Bayes 判别与两类的情况基本类似，在样本服从正态分布且各组协方差矩阵相等的情况下，可以将后验概率通过等价变化简化成线性判别函数，简称为线性判别。

由于 Bayes 判别法对总体的正态性假设，在利用 Bayes 判别法对本章案例进行判别分析时，首先要检验各指标的正态性。利用 Shapiro – Wilk 检验对第一组中的三个指标进行正态性检验的 R 语句和实现结果如下：

```
> shapiro. test( Risk1 $ x1)

         Shapiro – Wilk normality test

data：  Risk1 $ x1

W = 0.979 06,p – value = 0.827 4


> shapiro. test( Risk1 $ x2)

         Shapiro – Wilk normality test

data：  Risk1 $ x2

W = 0.953 69,p – value = 0.245


> shapiro. test( Risk1 $ x3)

         Shapiro – Wilk normality test

data：  Risk1 $ x3

W = 0.944 48,p – value = 0.143 6
```

由于所有的 P – 值都大于 0.05,因此接受三个指标服从正态分布的零假设。同样检验第二组的指标也都服从正态分布。

本章案例 Bayes 判别法的执行语句如下：

```
> Risk < – read. csv("F:/risk. csv")          % 读入原始数据
> risk1 < – Risk[which(Risk $ group == 1),]   % 提取第一类样本
> risk2 < – Risk[which(Risk $ group == 2),]   % 提取第二类样本
> Risk1 < – risk1[2:4]                        % 选择第一类的指标
> Risk2 < – risk2[2:4]                        % 选择第二类的指标
> mean1 < – colMeans(Risk1)                   % 计算第一类的均值向量
> mean2 < – colMeans(Risk2)                   % 计算第二类的均值向量
> cov1 < – cov(Risk1)                         % 计算第一类的协方差矩阵
> cov2 < – cov(Risk2)                         % 计算第二类的协方差矩阵
> pred < – Risk[54:56,2:4]                    % 提取待判样本
> dist1 < – mahalanobis(pred,mean1,cov1)      % 计算待判样本到第一类的马氏距离
> dist2 < – mahalanobis(pred,mean2,cov2)      % 计算待判样本到第二类的马氏距离
> p1 < – length(Risk1 $ x1)/(length(Risk1 $ x1) + length(Risk2 $ x1))   % 利用
length( )计算第一类的先验概率
> p2 < – length(Risk2 $ x1)/(length(Risk1 $ x1) + length(Risk2 $ x1))   % 利用
length( )计算第二类的先验概率
> det1 < – det(cov1)                          % 利用 det( )计算第一类协方差矩阵
的行列式
> det2 < – det(cov2)                          % 利用 det( )计算第二类协方差矩阵
的行列式
> p1 < – log(p1) – 0.5 * (log(det1) + dist1)   % 计算第一类的后验概率
```

```
> p2 < - log(p2) - 0.5 * (log(det2) + dist2)    % 计算第二类的后验概率
> p < - data. frame(p1,p2)                      % 后验概率的数据框形式
> p                                             % 查看待判样本的后验概率
```

	p1	p2
54	- 7. 943 274	- 12. 613 19
55	- 22. 945 797	- 10. 507 43
56	- 6. 329 261	- 10. 976 52

由输出结果可以看出,第 54 号样本出现后,第一类的后验概率大于第二类的后验概率,因此可将该样本划分到第一类;第 55 号样本出现后,第二类的后验概率大于第一类的后验概率,因此可将该样本划分到第二类;依此类推,可将第 56 号样本划分到第一类。

利用 max. col( ) 函数自动实现概率比较的语句如下:

```
> predicted < - max. col(p)                     % 寻找后验概率最大的位置
> predicted                                     % 查看输出结果
[1] 1 2 1
```

由以上输出结果可知,尽管判别准则不同,本案例的 Bayes 判别法与距离判别法的结论仍然是一致的。

另外一种实现 Bayes 判别分析的方法是利用 R 程序包"MASS"中的 qda( ) 函数和 lda( ) 函数。其中,qda( ) 函数将使用二次判别函数进行 Bayes 判别分析,适用于正态总体且各类协方差矩阵不等的情况;lda( ) 函数将建立线性判别函数进行 Bayes 判别分析,适用于正态总体且各类别协方差矩阵相等的情况。qda( ) 函数或 lda( ) 函数的参数形式几乎是一样的,这里仅介绍 Bayes 二次判别 qda(Quadratic Discriminant Analysis) 的使用格式。其具体实现主要包括两个函数:一是利用 qda( ) 建立二次判别函数;二是利用 predict( ) 预测待判样本的类别。

(1)建立 Bayes 二次判别函数,其具体使用格式为

qda(formula,data)

其中,formula 的形式为:groups ～ x1 + x2 + …;data 是数据集名称。

(2)对待判样本进行判别,其具体使用格式为

predict(output,test)

其中,output 是 qda 语句的输出结果;test 是数据框格式的待判样本集。

本章案例的 Bayes 二次判别语句如下:

```
> library(MASS)                                 % 载入程序包"MASS"
> bankrisk < - read. csv("F:/bankrisk. csv")    % 读入不包括待判样本的原始数据
> qdarisk < - qda(group ～ x1 + x2 + x3,bankrisk)  % 执行 Bayes 二次判别
> predict(qdarisk)                              % 显示对原始数据的判别结果
```

输出结果如下:

```
$ 'class'
[1] 1 1 1 1 1 1 1 1 1 1 1 1 1 1 1 1 1 1 1
[20] 1 2 1 1 1 1 1 1 1 2 2 2 2 2 2 2 2 2 2
```

```
[39] 2 2 2 2 2 2 2 2 2 2 2 2 2 2 2
Levels:1 2
$ posterior
```

由输出结果可以看出,Bayes 二次判别分别将原来的前 20 个样本及 22 号到 28 号样本都识别为第一类;将所有的第二类样本都识别为第二类,仅对第 21 号样本的识别出现错误。因此,可以基本信任这个判别函数的识别结果。$ posterior 后面给出的是每个样本的后验概率(此处省略)。

识别待判样本的语句如下:

> pred < - data. frame(Risk[54:56,2:4])　　% 提取待判样本并存为数据框形式

> predict(qdarisk,pred)　　　　　　　　　% 利用二次 Bayes 判别函数进行识别

输出结果如下:

```
$ 'class'
[1] 1 2 1
Levels:1 2
$ posterior
```

	1	2
54	9. 907 140e - 01	0.009 285 999
55	3. 963 550e - 06	0.999 996 036
56	9. 905 032e - 01	0.009 496 750

根据后验概率最大原则,Bayes 判别函数将 54 号和 56 号样本识别为第一类;将 55 号识别为第二类。

进一步查看两类的协方差矩阵,得到输出结果如下:

> cov1

	x_1	x_2	x_3
x_1	404. 479 200 4	23. 788 973	- 0. 026 758 4
x_2	23. 788 972 8	96. 813 454	2. 809 601 4
x_3	- 0. 026 758 4	2. 809 601	0. 626 019 1

> cov2

	x_1	x_2	x_3
x_1	3 760. 286 38	128. 971 181	- 41. 521 835
x_2	128. 971 18	2 229. 935 121	- 7. 858 042
x_3	- 41. 521 83	- 7. 858 042	1. 065 637

从输出结果可以看出,两类的协方差矩阵有较大的差异。比如:对于第一类来说,前两个指标 x_1 和 x_2 的方差分别是 404. 48 和 96. 81;而对于第二类来说,这两个指标的方差分别是 3 760. 29 和 2 229. 94,差距很大,因此不适合利用 lda 函数进行 Bayes 线性判别。

4.4　判别方法的有效性

判别分析的目的在于准确地识别待判样本的类别,因此,可以用判断样本的准确性即判别精度衡量判别结果是否有效。常见的判别精度有两种形式:一是原始样本的判别精度;二是"余一在外"进行交叉验证的精度。原始样本的判别精度是指利用原始数据建立判别函数后,将原始数据中的样本一一根据该判别函数进行识别,预测它所属的类别。将预测结果与原样本的组别进行对比,即可得到预测准确的样本个数占总样本的比例,这一比例值即为该判别函数的判别精度。

考虑到判别分析的目的是对未知类别的样本进行识别,因此,更需要了解判别函数或判别方法对原始数据以外样本的预测能力。为此,统计学家设计了"余一在外"的交叉验证方法。

假设两类总计有 $n = n_1 + n_2$ 个样本,"余一在外"的交叉验证步骤为:

(1) 剔除一个原始样本;

(2) 利用余下的 $n - 1$ 个样本建立判别函数;

(3) 利用该判别函数预测预留样本的类别;

(4) 依次预留两类中的每个样本,重复执行(1)、(2)、(3) 总计 n 次。

"余一在外"的精度就是预测准确的样本占总样本量的比例。由于交叉验证利用了外部样本信息进行判别,相对于使用原始数据测算判别精度,"余一在外"的交叉验证方法可以更准确地反映判别方法的可靠性和有效性。一般来说,原始数据的判别精度高于"余一在外"的判别精度,且"余一在外"的判别精度越高,判别方法就越有效。

查看原始数据判别精度的 R 函数可采用列联表函数 table( ) 实现。其参数形式为

table(data $ class,predicted $ class)

其中,data $ class 是原始样本的类别;predicted $ class 是预测样本的类别。以 Bayes 二次判别法为例,计算原始数据判别精度的 R 语句为

```
> library(MASS)                              % 载入程序包"MASS"
> bankrisk < - read. csv("F:/bankrisk. csv")% 读入不包括待判样本的原始数据
> qdarisk < - qda(group ~ x1 + x2 + x3,bankrisk)   % 执行 Bayes 二次判别
> predicted < - predict(qdarisk)             % 将原始数据的判别结果命名
> table(bankrisk $ group,predicted $ class)  % 查看判别结果精度
```

其输出结果如下:

	1	2
1	27	1
2	0	25

由输出结果可以看出,Bayes 二次判别函数正确划分了27 个一类样本,正确划分了全部25个二类样本。于是,Bayes 判别函数的精度为

$$\frac{27 + 25}{28 + 25} = 0.981\ 1$$

实现"余一在外"交叉验证则需要在 qda( ) 函数中增加参数选项"CV = TRUE",即

qda(formula,data,CV = TRUE)

其中,CV 就是交叉验证(Cross Validation)。当 CV = TRUE 时,Bayes 二次判别将输出交叉验证的分类结果。实现本章案例交叉验证的 R 语句为

> library(MASS)　　　　　　　　　% 载入程序包"MASS"
> bankrisk < - read.csv("F:/bankrisk.csv")% 读入不包括待判样本的原始数据
> qdarisk < - qda(group ~ x1 + x2 + x3,bankrisk,CV = TRUE)
　　　　　　　　　　　　　　　　% 执行 Bayes 二次判别并给出交叉验证结果
> table(bankrisk $ group,qdarisk $ class)　　% 查看交叉验证的判别精度

其输出结果如下:

	1	2
1	27	1
2	1	24

根据输出结果可以得到判别精度,即

$$\frac{27 + 24}{28 + 25} = 0.962\ 3$$

由此可见,Bayes 二次判别原始数据的判别精度为 98.11% ;"余一在外"的判别精度是 96.23% 。就本案例而言,Bayes 二次判别结果有效。此外,Bayes 线性判别 lda( ) 的精度计算与 Bayes 二次判别 qda( ) 的精度计算也是类似的。

4.5　距离判别与 Bayes 判别之间的关系

距离判别法和 Bayes 判别法的核心思想存在一定的差异。距离判别法根据样本与每个总体的距离远近进行归类,而 Bayes 判别法则根据后验概率大小进行判别。当各类总体均服从多元正态分布且协方差矩阵相等的情况下,由判别式式(4.3) 和式(4.8) 可知,距离判别法和 Bayes 判别法的判别函数是一致的。Bayes 判别法考虑了样本的先验概率分布,利用了更多样本的先验信息。特别地,如果两类总体的先验概率相等,即 $q_1 = q_2$,则 Bayes 判别法和距离判别法的判别结果完全一致。在协方差不等时,尽管无法简化成线性判别函数,由式(4.6) 和式(4.7) 可知,对后验概率的比较几乎等价于对马氏距离的比较。因此,在各类总体为正态总体时,可以认为距离判别是 Bayes 判别的一种特殊情况,即距离判别是无先验信息的 Bayes 判别。因此,Bayes 判别法在数据挖掘中的应用更为广泛。

下面在假设协方差矩阵相等的情况下,查看一下本章案例距离线性判别与 Bayes 线性判别结果是否有差异。由于距离线性判别是 Bayes 线性判别先验概率相等的情况($q_1 = q_2 = 0.5$),于是实现距离判别方法的 R 语句为

> library(MASS)　　　　　　　　　% 载入程序包"MASS"
> bankrisk < - read.csv("F:/bankrisk.csv")% 读入不包括待判样本的原始数据
> ldarisk < - lda(group ~ x1 + x2 + x3,bankrisk,prior = c(0.5,0.5),CV = TRUE)
% 执行先验概率相等的 Bayes 线性判别并给出交叉验证结果

> table(bankrisk $ group,ldarisk $ class)　　% 查看交叉验证的判别精度
输出结果如下：

	1	2
1	27	1
2	2	23

因此，距离判别法交叉验证的精度为 94.34%。将语句 lda(group ~ x1 + x2 + x3,
bankrisk,prior = c(0.5,0.5),CV = TRUE) 替换成 lda(group ~ x1 + x2 + x3,bankrisk,
CV =TRUE) 重新执行 Bayes 线性判别，可得到输出结果如下：

	1	2
1	28	0
2	2	23

即 Bayes 线性判别交叉验证的精度为 96.23%。由此可见，本案例的 Bayes 线性判别比距
离线性判别更有效。

如果要查看线性判别函数的表达式，应该执行以下语句：

> ldarisk < - lda(group ~ x1 + x2 + x3,bankrisk)

> ldarisk

其输出结果如下：

Call：

lda(group ~ x1 + x2 + x3,data = bankrisk)

Prior probabilities of groups：

1	2
0.528 301 9	0.471 698 1

Group means：

	x1	x2	x3
1	33.188 21	12.996 5	2.209 464
2	– 63.862 00	– 38.207 2	1.511 680

Coefficients of linear discriminants：

	LD1
x1	– 0.021 798 12
x2	– 0.013 899 96
x3	– 0.796 293 82

在输出结果中，分别给出了每一组的先验概率（Prior Probabilities of Groups）、每组
的重心（Group Means）及线性判别函数的系数（Coefficients of Linear Discriminants），据
此可以写出 Bayes 线性判别函数的表达式：$W(x) = - 0.021\ 8zx_1 - 0.013\ 9zx_2 - $

0. 796 $3zx_3$。其中,zx_1、zx_2、zx_3 是标准化指标。

在实际应用时,应注意以下几点事项:

(1)每一组的样本量最好超过 20 个。当指标较多时,应保证每组样本量是指标的 3 倍。

(2)当每一组指标大致服从正态分布或者每组样本量较大(大于 50)时,最好使用 Bayes 判别法。

(3)尽量同时使用 Bayes 二次判别和 Bayes 线性判别,通过考察判别精度决定取舍。

习　　题

1. 判别分析的目的是什么? 它与聚类分析有什么区别?

2. 距离判别法和 Bayes 判别法的基本原理是什么? 它们之间的区别和联系是什么?

3. Bayes 判别法的前提假设是什么? 何时使用 Bayes 二次判别? 何时使用 Bayes 线性判别?

4. 给出三种判别精度的计算方法。

5. 将第 3 章习题5(2)的 K – 均值聚类分析结果作为参照,收集香港和澳门的相关数据完成以下分析:

(1)利用单因素方差分析选择具有代表性的分类指标;

(2)根据所选指标,利用距离判别法进行判别分析,并给出原始数据的判别精度;

(3)根据所选指标,利用 Bayes 判别法进行判别分析,并给出原始数据的判别精度和交叉验证结果;

(4)最终将选择哪一种判别分析方法,为什么?

6. 探索利用程序包 WMDB 的函数 wmd( ) 和 dbayes( ) 实现判别分析的方法。

第5章 主成分分析

本章的学习目标:

1. 理解主成分分析的基本原理
2. 掌握保留主成分的方法
3. 掌握主成分的表达方式
4. 可以判别主成分分析的有效性
5. 可以利用 R 软件进行主成分分析
6. 掌握主成分分析的应用

快时尚品牌的在线销售异常活跃,本章案例收集了 31 款快时尚品牌与销售相关的数据。销售量、评论数量、正向评论占比和负向评论占比来自看店宝(https://www.kandianbao.com/)30 天的数据;价格以及收藏数来自淘数据(http://www.taosj.com/)30 天的数据;价格差为每个品牌价格与快时尚品牌均价之差。数据文件命名为"fashion.xls",具体数据见表 5.1。

表 5.1　快时尚品牌的销售信息

编号	品牌名称	销售量 sale /件	价格 price /元	价格差 priced /元	收藏数 collect	百度指数 Baidu	评论数量 review	正向评论占比 reviewp	负向评论占比 reviewn
1	zara	801 184	125.72	− 85.84	1 150 072	6 583	1 183 772	0.916 6	0.083 4
2	优衣库	3 144 014	121.1	− 90.46	2 721 362	9 802	3 738 010	0.911 3	0.088 7
3	only	263 922	302.08	90.52	1 358 320	2 716	564 478	0.900 3	0.099 7
4	veromoda	205 938	270.96	59.40	1 489 102	1 971	421 004	0.893 4	0.106 6
5	H&M	174 130	91.8	− 119.76	526 576	4 779	65 233	0.911 1	0.088 9
6	太平鸟	56 847	247.58	36.02	1 370 306	1 558	253 366	0.907 9	0.092 1
7	Bershka	83 558	119.64	− 91.92	627 022	831	204 698	0.892 7	0.107 3
8	UR	57 283	215.59	4.03	17 530	2 005	185 758	0.893 3	0.106 7
9	Ochirly	54 761	332.36	120.80	391 888	495	241 196	0.888 4	0.111 6
10	MANGO	14 225	232.51	20.95	225 126	1 590	37 571	0.909 5	0.090 5
11	Forever21	55 231	106.94	− 104.62	204 722	1 049	86 702	0.912 0	0.088 0
12	Pull&Bear	63 412	125.56	− 86.00	421 184	265	161 400	0.895 0	0.105 0
13	Topshop	23 163	295.72	84.16	184 184	1 050	69 548	0.916 7	0.083 3
14	CacheCache	136 898	85.18	− 126.38	490 546	417	233 389	0.888 1	0.111 9
15	OneMore	32 606	256.19	44.63	606 840	778	88 301	0.910 9	0.089 1
16	乐町	93 737	194.02	− 17.54	1 176 618	644	321 374	0.907 1	0.092 9

续表5.1

编号	品牌名称	销售量 sale /件	价格 price /元	价格差 priced /元	收藏数 collect	百度 指数 Baidu	评论 数量 review	正向评 论占比 reviewp	负向评 论占比 reviewn
17	三彩	53 348	227.5	15.94	582 428	335	82 550	0.892 0	0.108 0
18	拉夏贝尔	89 865	230.4	18.84	635 074	1 438	321 474	0.891 5	0.108 5
19	FivePlus	49 539	323.61	112.05	339 244	721	154 024	0.886	0.114 0
20	Lagogo	14 092	224.16	12.60	124 096	286	45 493	0.898 8	0.101 2
21	伊芙丽	62 236	360.48	148.92	496 530	732	201 687	0.909 2	0.090 8
22	Lily	27 534	530.55	318.99	443 948	1 394	61 161	0.900 3	0.099 7
23	真维斯	320 832	73.97	− 137.59	279 258	774	536 522	0.856 8	0.143 2
24	森马	964 807	91.29	− 120.27	1 207 326	1 307	1 363 917	0.873 4	0.126 6
25	美特斯邦威	718 964	112.07	− 99.49	799 262	1 688	1 006 057	0.862 6	0.137 4
26	妖精的口袋	89 049	209.79	− 1.77	182 410	516	203 643	0.897 9	0.102 1
27	MONKI	15 454	136.84	− 74.72	173 624	324	46 176	0.908 3	0.091 7
28	NewLook	14 734	136.15	− 75.41	121 062	230	45 587	0.889 7	0.110 3
29	Moussy	4 738	490.23	278.67	84 134	859	16 915	0.933 6	0.066 4
30	茵曼	92 835	170.68	− 40.88	535 480	643	169 617	0.901 6	0.098 4
31	GU	94 632	117.56	− 94.00	782 380	1 412	191 206	0.906 4	0.093 6

首先利用 cor(fashion) 语句计算这些变量的样本相关系数,相关系数矩阵见表5.2。

表5.2 样本相关系数矩阵

项目	销售量 sale /件	价格 price /元	价格差 priced /元	收藏数 collect	百度 指数 Baidu	评论 数量 review	正向评 论占比 reviewp	负向评 论占比 reviewn
sale	1	− 0.290 27	− 0.290 27	0.774 065	0.824 858	0.992 266	− 0.032 26	0.032 262
price	− 0.290 27	1	1	− 0.170 54	− 0.198 9	− 0.286 43	0.359 786	− 0.359 79
priced	− 0.290 27	1	1	− 0.170 54	− 0.198 9	− 0.286 43	0.359 786	− 0.359 79
collect	0.774 065	− 0.170 54	− 0.170 54	1	0.709 206	0.807 386	0.039 848	− 0.039 85
Baidu	0.824 858	− 0.198 9	− 0.198 9	0.709 206	1	0.809 036	0.260 208	− 0.260 21
review	0.992 266	− 0.286 43	− 0.286 43	0.807 386	0.809 036	1	− 0.077 34	0.077 337
reviewp	− 0.032 26	0.359 786	0.359 786	0.039 848	0.260 208	− 0.077 34	1	− 1
reviewn	0.032 262	− 0.359 79	− 0.359 79	− 0.039 85	− 0.260 21	0.077 337	− 1	1

从相关系数来看,有明显的信息重叠现象。比如:价格与价格差的相关系数是1;正向评论与负向评论的相关系数是 − 1,这些变量可以互相替代。所以,在进行分析的最初阶段,应根据数据分析的目的及经济管理含义对这些指标进行取舍。根据经济管理含义,价格差可以反映商品价格的市场竞争情况及各商家所采取的价格策略,如果要关注快时尚市场的价格竞争情况,则选择"价格差"指标;如果关注正向评论对销售量的影响,则保

留"正向评论占比"指标。

除此之外,销售量与评论数量和百度指数的相关系数、评论数量与收藏数量和百度指数的相关系数都大于0.8,仍有信息重叠。但这些指标的实际意义差异较大,因此,数据集删除了"价格"和"负向评论占比"后,某些指标之间仍有近似的线性关系,这种现象也称为变量或指标的共线性。信息重叠一方面增加了数据存储的压力,另一方面还可能会造成数据分析结果的偏倚。因此,当遇到这种情况时,可以选择主成分分析(Principal Component Analysis)进行降维(Data Reduction)和消除共线性(Multilinear)。

5.1　主成分分析的基本原理

下面利用如图5.1所示的最简单的二维数据说明主成分分析的基本原理。由图5.1的散点图可以看出,两个变量(X_1,X_2)具有明显的相关性。当将坐标轴(X_1,X_2)旋转 θ 角以后,在新坐标轴(Y_1,Y_2)下,散点分布不再具有显著的相关性。换句话说,如果能够寻找出样本点(x_{1i},x_{2i})在新坐标轴下的表达式(y_{1i},y_{2i}),则新变量(Y_1,Y_2)不再具有信息重叠问题。

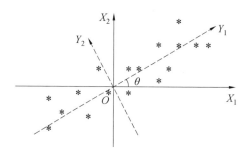

图 5.1　(x_1,x_2)的散点图

根据解析几何中的坐标轴旋转公式,当已知坐标旋转的角度 θ 后,(Y_1,Y_2)的坐标可以表示为

$$\begin{cases} Y_1 = X_1\cos\theta + X_2\sin\theta \\ Y_2 = -X_1\sin\theta + X_2\cos\theta \end{cases} \tag{5.1}$$

或

$$\boldsymbol{Y} = \begin{bmatrix} Y_1 \\ Y_2 \end{bmatrix} = \begin{bmatrix} \cos\theta & \sin\theta \\ -\sin\theta & \cos\theta \end{bmatrix}\begin{bmatrix} X_1 \\ X_2 \end{bmatrix} = \boldsymbol{UX}$$

由式(5.1)可知,(Y_1,Y_2)是原变量(X_1,X_2)的线性组合。由于 $\boldsymbol{U}$ 是正交矩阵,因此通过正交变换可以使新变量(Y_1,Y_2)不相关,从而消除了原来变量(X_1,X_2)间的共线性,即有 $\mathrm{cov}(Y_1,Y_2) = 0$。这时,分别称 Y_1 和 Y_2 为第一和第二主成分(Principal Components)。

此外,由图5.1可以判断,样本点投影在 Y_1 轴上比 Y_2 轴上更分散,这也意味着将样本点投影在 Y_1 轴上所保留的样本信息比 Y_2 轴上更多。如果用方差度量分散性,则第一主成分的方差大于第二主成分的方差,或第一主成分的信息量大于第二主成分的信息量,即有 $D(Y_1) > D(Y_2)$。当 $D(Y_1)$ 远远大于 $D(Y_2)$ 时,保留一维变量 Y_1 即可,由此可以达到降维或数据压缩的目的。此时,降维的代价就是损失了方差为 $D(Y_2)$ 的样本信息。

推而广之,在一般多元变量的情况下,有以下几个结论:

（1）每个主成分都是原变量的线性组合(提取原变量的共线性信息);

（2）一般情况下,有几个变量就有几个主成分(通过一个正交变换实现);

（3）主成分两两不相关(消除共线性);

（4）保留的主成分能够含有原变量的大部分信息(降维依据)。

5.2　理论主成分

5.2.1　主成分表达式

现有 p 元变量 $\boldsymbol{X} = (X_1, X_2, \cdots, X_p)'$,它们可以分别是快时尚数据集中的销售量 X_1、价格差 X_2、收藏数 X_3、百度指数 X_4、评论数量 X_5 和正向评论占比 X_6。假设 $\boldsymbol{X}$ 的数学期望向量为 p 维零向量(由图5.1可以看出,只有重心位于原点,才可以通过直接旋转坐标轴消除相关性),协方差矩阵为 $\mathrm{cov}(X, X) = \boldsymbol{\Sigma}$。我们的目标是寻找 p 个主成分满足如下的关系:

（1）每个主成分都是原来 p 个变量的线性组合,即

$$\begin{cases} Y_1 = u_{11}X_1 + u_{12}X_2 + \cdots + u_{1p}X_p \\ Y_2 = u_{21}X_1 + u_{22}X_2 + \cdots + u_{2p}X_p \\ \qquad\qquad \cdots\cdots \\ Y_p = u_{p1}X_1 + u_{p2}X_2 + \cdots + u_{pp}X_p \end{cases} \tag{5.2}$$

或

$$\boldsymbol{Y} = \boldsymbol{U}\boldsymbol{X} \tag{5.3}$$

其中,$\boldsymbol{Y} = (Y_1, Y_2, \cdots, Y_p)'$,$\boldsymbol{X} = (X_1, X_2, \cdots, X_p)'$,而线性变换矩阵

$$\boldsymbol{U} = \begin{bmatrix} u_{11} & u_{12} & \cdots & u_{1p} \\ u_{21} & u_{22} & \cdots & u_{2p} \\ \vdots & \vdots & & \vdots \\ u_{p1} & u_{p2} & \cdots & u_{pp} \end{bmatrix}$$

是正交矩阵。

（2）主成分两两不相关且主成分的方差依次递减,即

$$\mathrm{cov}(Y_i, Y_j) = 0 (i \neq j); \quad D(Y_1) > D(Y_2) > \cdots > D(Y_p)$$

于是,$\boldsymbol{Y} = (Y_1, Y_2, \cdots, Y_p)'$ 的协方差矩阵为

$$\mathrm{cov}(\boldsymbol{Y}, \boldsymbol{Y}) = \begin{bmatrix} D(Y_1) & 0 & \cdots & 0 \\ 0 & D(Y_2) & \cdots & 0 \\ \vdots & \vdots & & \vdots \\ 0 & 0 & \cdots & D(Y_p) \end{bmatrix} = \boldsymbol{\Lambda} \tag{5.4}$$

根据式(5.3),$\boldsymbol{Y} = (Y_1, Y_2, \cdots, Y_p)'$ 的协方差矩阵还可以写成

$$\boldsymbol{\Lambda} = \mathrm{cov}(\boldsymbol{Y}, \boldsymbol{Y}) = \mathrm{cov}(\boldsymbol{UX}, \boldsymbol{UX}) = \boldsymbol{U}\mathrm{cov}(\boldsymbol{X}, \boldsymbol{X})\boldsymbol{U}' = \boldsymbol{U}\boldsymbol{\Sigma}\boldsymbol{U}' \tag{5.5}$$

式(5.5)等号的左边是对角矩阵,且对角线上的元素是每个主成分的方差。根据线性代数的基本理论,实对称矩阵必可对角化,且相似对角矩阵上的元素为矩阵本身的特征值,

即对实对称矩阵 $\boldsymbol{\Sigma}$，一定存在正交变换 $\boldsymbol{U}$ 使 $\boldsymbol{U}\boldsymbol{\Sigma}\boldsymbol{U}'$ 为对角矩阵 $\boldsymbol{\Lambda} = \mathrm{diag}(\lambda_1, \lambda_2, \cdots, \lambda_p)$，且对角矩阵上的元素为 $\boldsymbol{\Sigma}$ 的特征值。因此，获得主成分表达式和主成分方差的方法如下：

（1）求协方差矩阵 $\boldsymbol{\Sigma}$ 的特征值，并依次从大到小排序为 $\lambda_1 > \lambda_2 > \cdots > \lambda_p$；

（2）依次求解关于 λ_i 的单位特征向量 $\boldsymbol{u}_i = (u_{i1}, u_{i2}, \cdots, u_{ip})'$，$i = 1, 2, \cdots, p$；

于是，第 i 个主成分的表达式为

$$Y_i = u'_i X = u_{i1}X_1 + u_{i2}X_2 + \cdots + u_{ip}X_p$$

且 $D(Y_i) = \lambda_i$，即协方差矩阵的特征值是主成分的方差；单位特征向量是主成分的组合系数，这些系数也称为载荷（Loadings）。因此，理论上可以得到主成分的表达式。

5.2.2　主成分保留方法

为了达到利用主成分进行降维的目的，需要寻找保留主成分的方法。保留主成分的一个基本原则就是所保留的主成分应该包含原始变量的大部分信息。由于方差可以反映信息量的大小，因此需要考虑原始变量的方差总和与主成分方差总和之间的关系。

根据式（5.5），可以直接计算等式两边矩阵的迹（Trace，对角元素的和），式（5.5）左边的迹为

$$\mathrm{tr}(\boldsymbol{\Lambda}) = \sum_{i=1}^{n} \lambda_i = \sum_{i=1}^{n} D(Y_i)$$

右边的迹为

$$\mathrm{tr}(\boldsymbol{U}\boldsymbol{\Sigma}\boldsymbol{U}') = \mathrm{tr}(\boldsymbol{\Sigma}) = \sum_{i=1}^{n} D(X_i)$$

于是，有

$$\sum_{i=1}^{n} \lambda_i = \sum_{i=1}^{n} D(Y_i) = \sum_{i=1}^{n} D(X_i) \tag{5.6}$$

式（5.6）表明：原始变量的信息总量与主成分信息总量相等。此时，可以将每个主成分的方差占比看作该主成分能够解释原始变量的程度，也称为方差贡献率，即定义主成分 Y_k 的方差贡献（Proportion of Variance）为

$$PV_k = \frac{D(Y_k)}{\sum\limits_{i=1}^{n} D(X_i)} = \frac{\lambda_k}{\sum\limits_{i=1}^{n} \lambda_i}$$

显然，$PV_1 > PV_2 > \cdots > PV_p$。于是，前 m 个主成分的累计方差贡献（Comulative Proportion）为

$$CP_m = \sum_{k=1}^{m} PV_k = \frac{\sum\limits_{k=1}^{m} \lambda_k}{\sum\limits_{i=1}^{p} \lambda_i} = \frac{\sum\limits_{k=1}^{m} D(Y_k)}{\sum\limits_{i=1}^{n} D(X_i)}$$

它是前 m 个主成分方差贡献率的总和，反映了这 m 个主成分共同解释原始变量的程度。如果 $CP_m > 85\%$，则说明前 m 个主成分能够解释原始变量 85% 以上的信息。此时，保留前 m 个主成分是合理的。在有些情况下，也可以按照 $CP_m > 80\%$ 保留主成分。

5.3　样本主成分

本章案例的指标是销售量 X_1、价格差 X_2、收藏数 X_3、百度指数 X_4、评论数量 X_5 和正向

评论占比 X_6，所收集到的 31 个快时尚品牌样本记为 $(x_{1i},x_{2i},\cdots,x_{6i})'(i=1,2,\cdots,31)$。根据这些样本能够计算样本协方差矩阵，但主成分分析的一个前提假设是"$\boldsymbol{X}=(X_1,X_2,\cdots,X_p)'$ 的数学期望为零向量"，因此，为了保证这个基本假设成立，需要对原指标进行标准化处理，即令

$$z_{ki}=\frac{x_{ki}-\bar{x}_k}{s_k}\quad(i=1,2,\cdots,n)$$

其中，$\bar{x}_k$ 是第 k 个指标的样本均值；s_k 是第 k 个指标的样本标准差。此时，标准化指标 z_k 的均值为 0，从而 $(z_1,z_2,\cdots,z_p)'$ 满足主成分分析的前提假设。对数据进行标准化处理的另一个好处就是能够排除各指标量纲对分析结果的影响，标准化的变量通常用 $\boldsymbol{Z}X_1$，$\boldsymbol{Z}X_2,\cdots,\boldsymbol{Z}X_p$ 表示。

标准化后指标 $\boldsymbol{Z}=(z_1,z_2,\cdots,z_p)'$ 的样本协方差矩阵是

$$\boldsymbol{S}_{\mathbf{Z}}=\frac{1}{n-1}\begin{bmatrix}\sum_{i=1}^{n}z_{1i}z_{1i}&\sum_{i=1}^{n}z_{1i}z_{2i}&\cdots&\sum_{i=1}^{n}z_{1i}z_{pi}\\[2mm]\sum_{i=1}^{n}z_{2i}z_{1i}&\sum_{i=1}^{n}z_{2i}z_{2i}&\cdots&\sum_{i=1}^{n}z_{2i}z_{pi}\\[1mm]\vdots&\vdots&&\vdots\\[1mm]\sum_{i=1}^{n}z_{pi}z_{1i}&\sum_{i=1}^{n}z_{pi}z_{2i}&\cdots&\sum_{i=1}^{n}z_{pi}z_{pi}\end{bmatrix}$$

$$=\begin{bmatrix}\dfrac{\sum_{i=1}^{n}(x_{1i}-\bar{x}_1)^2}{(n-1)s_1^2}&\dfrac{\sum_{i=1}^{n}(x_{1i}-\bar{x}_1)(x_{2i}-\bar{x}_2)}{(n-1)s_1s_2}&\cdots&\dfrac{\sum_{i=1}^{n}(x_{1i}-\bar{x}_1)(x_{pi}-\bar{x}_p)}{(n-1)s_1s_p}\\[4mm]\dfrac{\sum_{i=1}^{n}(x_{2i}-\bar{x}_2)(x_{1i}-\bar{x}_1)}{(n-1)s_2s_1}&\dfrac{\sum_{i=1}^{n}(x_{2i}-\bar{x}_2)^2}{(n-1)s_2^2}&\cdots&\dfrac{\sum_{i=1}^{n}(x_{2i}-\bar{x}_2)(x_{pi}-\bar{x}_p)}{(n-1)s_2s_p}\\[2mm]\vdots&\vdots&&\vdots\\[2mm]\dfrac{\sum_{i=1}^{n}(x_{pi}-\bar{x}_p)(x_{1i}-\bar{x}_1)}{(n-1)s_ps_1}&\dfrac{\sum_{i=1}^{n}(x_{pi}-\bar{x}_p)(x_{2i}-\bar{x}_2)}{(n-1)s_ps_2}&\cdots&\dfrac{\sum_{i=1}^{n}(x_{pi}-\bar{x}_p)^2}{(n-1)s_p^2}\end{bmatrix}$$

$$=\boldsymbol{R}_X$$

$$(5.7)$$

关系式 (5.7) 表明，标准化后指标 $\boldsymbol{Z}=(z_1,z_2,\cdots,z_p)'$ 的样本协方差矩阵是原变量的样本相关系数矩阵。于是，寻找样本主成分的步骤如下：

(1) 求样本相关系数矩阵 $\boldsymbol{R}_X$ 的特征值，并依次从大到小排序为 $\lambda_1>\lambda_2>\cdots>\lambda_p$；

(2) 依次求解关于 λ_i 的单位特征向量 $\boldsymbol{u}_i=(u_{i1},u_{i2},\cdots,u_{ip})'$，$i=1,2,\cdots,p$；

于是，第 i 个样本主成分的表达式是

$$Y_i=u'_iZ=u_{i1}z_1+u_{i2}z_2+\cdots+u_{ip}z_p\qquad(5.8)$$

(3) 计算每个样本主成分的方差贡献

$$PV_k = \frac{\lambda_k}{\sum\limits_{i=1}^{n} \lambda_i}$$

（4）判断累计方差贡献 CP_m 是否大于 85%（或 80%），确定保留主成分的个数。

实现主成分分析的 R 函数主要有以下两个：

1. princomp( ) 函数

该函数用于执行主成分分析，包含主要参数的格式为

result. pr < − princomp(x,cor = FALSE,⋯)

其中,x 表示数据框的名称；cor 是逻辑变量,当 cor = TRUE 时,表示利用样本相关系数矩阵进行主成分分析;当 cor = FALSE(默认值) 时,表示使用样本协方差矩阵进行主成分分析;输出结果赋给名为 result. pr 的文件(文件名称可以自主定义)。

2. summary( ) 函数

该函数用于提取主成分分析的主要结果,其使用格式为

summary(result. pr,loadings = FALSE,⋯)

其中,result. pr 是 princomp( ) 函数执行的结果文件；loadings 是逻辑变量,当 loadings = TRUE 时,表示显示主成分的组合系数或载荷；当 loadings = FALSE(默认值) 时,表示不显示主成分的组合系数或载荷。

本章案例主成分分析的 R 语句为

fashion < − data. frame(

sale = c(801184 ,3144014 ,263922 ,205938 ,174130 ,56847 ,83558 ,57283 ,54761 , 14225 ,55231 ,63412 ,23163 ,136898 ,32606 ,93737 ,53348 ,89865 ,49539 ,14092 ,62236 , 27534 ,320832 ,964807 ,718964 ,89049 ,15454 ,14734 ,4738 ,92835 ,94632),

price = c(125. 72 ,121. 1 ,302. 08 ,270. 96 ,91. 8 ,247. 58 ,119. 64 ,215. 59 ,332. 36 ,232. 51 , 106. 94 ,125. 56 ,295. 72 ,85. 18 ,256. 19 ,194. 02 ,227. 5 ,230. 4 ,323. 61 ,224. 16 ,360. 48 ,530. 55 , 73. 97 ,91. 29 ,112. 07 ,209. 79 ,136. 84 ,136. 15 ,490. 23 ,170. 68 ,117. 56),

priced = c(− 85. 84 , − 90. 46 ,90. 52 ,59. 4 , − 119. 76 ,36. 02 , − 91. 92 ,4. 03 ,120. 8 , 20. 95 , − 104. 62 , − 86 ,84. 16 , − 126. 38 ,44. 63 , − 17. 54 ,15. 94 ,18. 84 ,112. 05 ,12. 6 , 148. 92 ,318. 99 , − 137. 59 , − 120. 27 , − 99. 49 , − 1. 77 , − 74. 72 , − 75. 41 ,278. 67 , − 40. 88 , − 94),

collect = c(1150072 ,2721362 ,1358320 ,1489102 ,526576 ,1370306 ,627022 ,17530 , 391888 ,225126 ,204722 ,421184 ,184184 ,490546 ,606840 ,1176618 ,582428 ,635074 , 339244 ,124096 ,496530 ,443948 ,279258 ,1207326 ,799262 ,182410 ,173624 ,121062 ,84134 , 535480 ,782380),

Baidu = c(6583 ,9802 ,2716 ,1971 ,4779 ,1558 ,831 ,2005 ,495 ,1590 ,1049 ,265 ,1050 , 417 ,778 ,644 ,335 ,1438 ,721 ,286 ,732 ,1394 ,774 ,1307 ,1688 ,516 ,324 ,230 ,859 ,643 , 1412),

review = c(1183772 ,3738010 ,564478 ,421004 ,65233 ,253366 ,204698 ,185758 , 241196 ,37571 ,86702 ,161400 ,69548 ,233389 ,88301 ,321374 ,82550 ,321474 ,154024 , 45493 ,201687 ,61161 ,536522 ,1363917 ,1006057 ,203643 ,46176 ,45587 ,16915 ,169617 , 191206),

reviewp = c(0.9166,0.9113,0.9003,0.8934,0.9111,0.9079,0.8927,0.8933,
0.8884,0.9095,0.912,0.895,0.9167,0.8881,0.9109,0.9071,0.892,0.8915,0.886,
0.8988,0.9092,0.9003,0.8568,0.8734,0.8626,0.8979,0.9083,0.8897,0.9336,0.9016,
0.9064),

reviewn = c(0.0834,0.0887,0.0997,0.1066,0.0889,0.0921,0.1073,0.1067,
0.1116,0.0905,0.088,0.105,0.0833,0.1119,0.0891,0.0929,0.108,0.1085,0.114,
0.1012,0.0908,0.0997,0.1432,0.1266,0.1374,0.1021,0.0917,0.1103,0.0664,0.0984,
0.0936))

> result. pr < − princomp(~ sale + priced + collect + Baidu + review + reviewp,
data = fashion,cor = TRUE)

> summary(result. pr,loadings = TRUE)

其中,result. pr < − princomp(~ sale + priced + collect + Baidu + review + reviewp,
data =fashion,cor = TRUE) 表示选择数据集 fashion 中的销售量 sale、价格差 priced、收藏
数量 collect、百度指数 Baidu、评论数量 review 和正向评论 reviewp 进行主成分分析。如果
选择数据集中的所有指标进行主成分分析,也可以直接执行如下语句:

result. pr < − princomp (fashion,cor = TRUE)

回车后给出的输出结果如下:

Importance of components:

	Comp. 1	Comp. 2	Comp. 3	Comp. 4	Comp. 5	Comp. 6
Standard deviation	1.885 247 1	1.173 526 0	0.793 972 8	0.530 822 70	0.389 777 34	0.067 737 425 5
Proportion of Variance	0.592 359 4	0.229 527 2	0.105 065 5	0.046 962 12	0.025 321 06	0.000 764 726 5
Cumulative Proportion	0.592 359 4	0.821 886 6	0.926 952 1	0.973 914 21	0.999 235 27	1.000 000 000 0

Loadings:

	Comp. 1	Comp. 2	Comp. 3	Comp. 4	Comp. 5	Comp. 6
sale	0.514	0.106	0.318	0.399	0.681	
priced	− 0.183	− 0.615	0.748	0.150		
collect	0.462	0.208	− 0.850			
Baidu	0.473	− 0.214	− 0.203	0.311	− 0.770	
review	0.516	0.167	0.216	0.360	− 0.727	
reviewp	− 0.753	− 0.563	− 0.103	0.322		

输出结果中的 standard deviation 是主成分的标准差,也是相关系数矩阵特征值的平
方根,反映每个主成分的重要程度;6 个主成分的方差贡献(Proportion of Variance)分别
是 0.592 4,0.229 5,0.105 1,0.047 0,0.025 3,0.000 8;从累计方差贡献(Cumulative
Proportion)来看,前 2 个主成分就能解释原始数据 82% 以上的信息,故保留前两个主成分
是合理的。由此,主成分分析将原来的 6 维数据压缩成 2 维数据。

根据载荷系数(Loadings)可以写出每个主成分的表达式。比如第一主成分的表达式
为

$$Y_1 = 0.514\mathbf{Z}(\text{sale}) - 0.183\mathbf{Z}(\text{priced}) + 0.462\mathbf{Z}(\text{collect}) + \\ 0.473\mathbf{Z}(\text{Baidu}) + 0.516\mathbf{Z}(\text{review}) \tag{5.9}$$

第一主成分反映的是关注性信息(销售量、收藏数、百度指数、评论数量)与价格信息(价格差)之间的差异。从系数大小上来判断,第一主成分更能反映关注性信息;从载荷大小上看,第二主成分主要反映竞争能力(价格差、正向评论占比)。

当有了主成分的表达式以后,可以利用销售量(sale)、价格差(priced)、收藏数(collect)、百度指数(Baidu)、评论数量(review)和正向评论占比(reviewp)的标准化数据和式(5.9)计算每个品牌的主成分得分。利用 R 实现主成分得分计算的函数是 predict( )。执行本案例主成分分析并获取前 2 个主成分得分的 R 语句为

> result. pr < - princomp(~ sale + priced + collect + Baidu + review + reviewp,
data = fashion, cor = TRUE)

> summary(result. pr, loadings = TRUE)

> scores < - predict (result. pr)　　% 将所有主成分得分计算结果存入数据文件 scores

> scores [,1:2]　　　　　　　　% 输出所有品牌前 2 个主成分的得分值

执行结果见表 5.3。

表 5.3　第一和第二主成分的得分

品牌号	Comp. 1	Comp. 2	品牌号	Comp. 1	Comp. 2
1	2.832 211	– 0.942 2	17	– 0.784 36	0.360 409
2	8.889 308	– 0.999 43	18	– 0.273 45	0.258 242
3	0.851 41	– 0.782 62	19	– 1.003 46	0.122 172
4	0.671 54	– 0.224 39	20	– 1.228 77	0.113 635
5	0.549 454	– 0.293 24	21	– 0.872 82	– 1.230 13
6	0.262 775	– 0.756	22	– 1.176 17	– 1.802 96
7	– 0.335 75	0.866 641	23	– 0.121 37	2.948 036
8	– 0.754 56	0.268 258	24	1.942 102	1.926 579
9	– 0.957 09	– 0.020 4	25	1.170 564	2.325 761
10	– 0.849 88	– 0.608 34	26	– 0.918 42	0.215 193
11	– 0.716 24	0.024 042	27	– 1.030 18	0.118 961
12	– 0.699 03	0.808 698	28	– 1.104 94	1.046 165
13	– 1.079 65	– 1.239 74	29	– 1.572 08	– 3.099 1
14	– 0.424 09	1.346 82	30	– 0.552 8	0.184 395
15	– 0.710 77	– 0.768 98	31	– 0.059 53	0.125 951
16	0.056 048	– 0.292 45	标准差	1.916 41	1.192 924

值得注意的是,第一主成分与第二主成分的样本标准差分别是 1.916 4 和 1.192 9,与理论标准差 1.885 2 和 1.173 5 有一定的偏离。此外,由式(5.9)可以看出,样本主成分的均值应该近似为 0。此时,主成分分析将快时尚的 6 维数据压缩为 2 维数据,且这两个主成分是不相关的。另外,这两个主成分能够解释原始 6 维数据 82% 以上的方差。

5.4   保留主成分的合理性

保留主成分的基本法则是观察累计方差贡献是否超过 80% 或 85% 。此外,还可以利用碎石图(Screeplot)和共同度(Communalities)来说明保留主成分的合理性。

碎石图是利用每个主成分的序号和方差值 (i, λ_i) 制作的散点图。通过观察散点图的拐点,确定保留主成分的个数是否合理。实现散点图制作的 R 语句是 screeplot( )。利用该语句实现快时尚数据主成分的碎石图语句为

> result. pr < − princomp(~sale + priced + collect + Baidu + review + reviewp, data = fashion, cor = TRUE)

> summary(result. pr, loadings = TRUE)

> screeplot(result. pr, type = "lines")

所得到的碎石图如图 5.2 所示。其中,type = "lines",表示碎石图为折线型;如果设定 type = "barplot",则碎石图的类型为直方图。由图 5.2 可以看出,从第三个主成分开始,方差下降速度变缓,因此保留两个主成分是合理的。

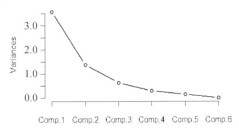

图 5.2   快时尚数据主成分分析的碎石图

根据样本主成分的表达式(5.8),每个样本主成分的表达式为

$$\begin{cases} Y_1 = u_{11}z_1 + u_{12}z_2 + \cdots + u_{1p}z_p \\ Y_2 = u_{21}z_1 + u_{22}z_2 + \cdots + u_{2p}z_p \\ \qquad \cdots\cdots \\ Y_p = u_{p1}z_1 + u_{p2}z_2 + \cdots + u_{pp}z_p \end{cases}$$

或矩阵表达为

$$\boldsymbol{Y} = \begin{bmatrix} Y_1 \\ Y_2 \\ \vdots \\ Y_p \end{bmatrix} = \begin{bmatrix} u_{11} & u_{12} & \cdots & u_{1p} \\ u_{21} & u_{22} & \cdots & u_{2p} \\ \vdots & \vdots & & \vdots \\ u_{p1} & u_{p2} & \cdots & u_{pp} \end{bmatrix} \begin{bmatrix} z_1 \\ z_2 \\ \vdots \\ z_p \end{bmatrix} = \boldsymbol{U}'\boldsymbol{Z} \qquad (5.10)$$

其中,$\boldsymbol{Z} = (z_1, z_2, \cdots, z_p)'$ 是标准化的原始指标;$\boldsymbol{U}$ 是正交矩阵,因此有关系式 $(\boldsymbol{U}')^{-1} = \boldsymbol{U}$。在式(5.10)的两端同乘正交矩阵 $\boldsymbol{U}$,有

$$\boldsymbol{Z} = \begin{bmatrix} z_1 \\ z_2 \\ \vdots \\ z_p \end{bmatrix} = \begin{bmatrix} u_{11} & u_{21} & \cdots & u_{p1} \\ u_{12} & u_{22} & \cdots & u_{p2} \\ \vdots & \vdots & & \vdots \\ u_{1p} & u_{2p} & \cdots & u_{pp} \end{bmatrix} \begin{bmatrix} Y_1 \\ Y_2 \\ \vdots \\ Y_p \end{bmatrix} = \boldsymbol{U}\boldsymbol{Y}$$

或

$$\begin{cases} z_1 = u_{11}Y_1 + u_{21}Y_2 + \cdots + u_{p1}Y_p \\ z_2 = u_{12}Y_1 + u_{22}Y_2 + \cdots + u_{p2}Y_p \\ \qquad\qquad \cdots\cdots \\ z_p = u_{1p}Y_1 + u_{2p}Y_2 + \cdots + u_{pp}Y_p \end{cases} \tag{5.11}$$

如果仅仅保留前两个主成分,则式(5.11)可以进一步写成

$$\begin{cases} z_1 = u_{11}Y_1 + u_{21}Y_2 + \varepsilon_1 \\ z_2 = u_{12}Y_1 + u_{22}Y_2 + \varepsilon_2 \\ \qquad\qquad \cdots\cdots \\ z_p = u_{1p}Y_1 + u_{2p}Y_2 + \varepsilon_p \end{cases} \tag{5.12}$$

根据式(5.12),可求每个指标的方差。于是有

$$\begin{aligned} 1 = D(z_i) &= u_{1i}^2 D(Y_1) + u_{2i}^2 D(Y_2) + D(\varepsilon_i) \\ &= u_{1i}^2 \lambda_1 + u_{2i}^2 \lambda_2 + D(\varepsilon_i) \end{aligned} \tag{5.13}$$

由于方差可以代表信息量的大小,因此式(5.13)表明第 i 个指标(标准化后)1 个单位的信息可以被两个主成分所能解释的部分为 $u_{1i}^2\lambda_1 + u_{2i}^2\lambda_2$。这个值也称为第 i 个指标的共同度,它表示保留的主成分能够解释该指标的程度。共同度的取值在 0 和 1 之间,且越大越好。通常情况下,如果每个指标的共同度均大于 0.7,则保留的主成分个数是十分合理的。

为了计算共同度,需要提取主成分的载荷系数,实现载荷系数提取的 R 函数是 loadings( )。利用该语句实现快时尚数据共同度计算的语句为

> result. pr < − princomp(~ sale + priced + collect + Baidu + review + reviewp, data = fashion,cor = TRUE)

> summary(result. pr,loadings = TRUE)

> load < − loadings(result. pr)　　　　% 提取所有主成分的载荷系数

> C < − 1.885 247 1^2 * load[,1]^2 + 1.173 526 0^2 * load[,2]^2
　　　　　　　　　　　　% 根据公式 $u_{1i}^2\lambda_1 + u_{2i}^2\lambda_2$ 计算共同度

> C　　　　　　　　　　% 显示每个指标的共同度

执行结果见表5.4。

表5.4　共同度

sale	priced	collect	Baidu	review	reviewp
0.938 131	0.640 262	0.767 638	0.856 751	0.947 168	0.781 37

由表5.4可以看出,除了价格差(priced)以外,所有变量的共同度都超过了0.7。因此,保留两个主成分基本上是合理的。

5.5　主成分分析的应用

第3章介绍的聚类分析是根据原始指标体系对样本或指标进行聚类或分组。在利用主成分分析降维后,可以将样本的两个或三个主成分得分以散点图或气泡图的形式显示出来,进而很容易对样本进行聚类或分组。另外,在实际应用中,识别"异常样

本"(Outliers) 有着重要的意义。当数据集中包含所谓的"异常样本"时,可能会影响统计建模的有效性;其次,异常样本也可能代表了所分析事物(企业竞争战略、销售模式、创新模式、管理模式等) 的异质性。因此,对异常样本进行深入的案例研究可能会发现新的管理理论和管理方法。下面主要介绍主成分在聚类和异常样本识别方面的应用。

5.5.1　利用主成分得分对样本进行分组

主成分的第一个应用就是根据前两个主成分的散点图识别异常样本或对样本进行分组。绘制快时尚数据第一主成分和第二主成分样本散点图的 R 语句为

> result. pr < − princomp(~ sale + priced + collect + Baidu + review + reviewp, data = fashion, cor = TRUE)
> summary(result. pr, loadings = TRUE)
> scores < − predict (result. pr)　　　　　　% 提取主成分的得分
> plot(scores[,1:2], type = "n"); text(scores[,1], scores[,2])　　　% 绘制前两个主成分的散点图

输出结果如图 5.3 所示。由图 5.3 可以看出,大部分样本或时尚品牌的第一、二主成分得分都集中在以原点为中心、半径为 2 的圆内,只有 1、2、23、24、25 和 29 号样本在这个范围之外,这些品牌是 zara、优衣库、真维斯、森马、美特斯邦威和 Moussy,因此可以说明这些品牌的市场表现及所采用的市场竞争策略与其他大部分品牌不一致。特别是 2 号品牌优衣库更是远远偏离了样本群,尽管优衣库销售的都是服装基本款,其低价良品的经营理念在目前中国的快时尚市场上仍然具有明显的竞争优势。

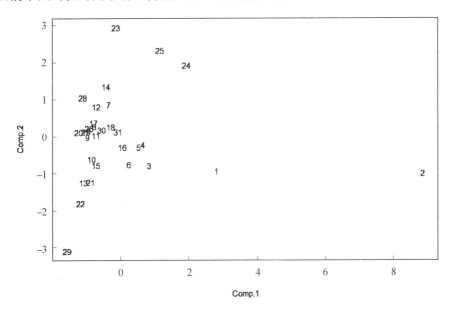

图 5.3　第一与第二主成分的散点图

5.5.2　利用主成分载荷对指标进行分组

主成分的第二个应用就是根据前两个主成分载荷的散点图对变量或指标进行分组。标准化原指标与保留的两个主成分之间的关系式为

$$z_i = u_{1i}Y_1 + u_{2i}Y_2 + \varepsilon_i \approx \begin{bmatrix} u_{1i} \\ u_{2i} \end{bmatrix}' \begin{bmatrix} Y_1 \\ Y_2 \end{bmatrix}$$

由于两个主成分可以解释原指标的大部分信息,因此可以认为组合系数或载荷系数 (u_{1i}, u_{2i}) 是指标 z_i 在坐标系 (Y_1, Y_2) 下的一种向量表达。于是,绘制载荷系数 (u_{1i}, u_{2i}) 的散点图,可以对 $z_1, z_2, \cdots, z_p$ 进行聚类或分组。

绘制快时尚数据第一和第二主成分载荷散点图的 R 语句为

> result. pr < − princomp(~ sale + priced + collect + Baidu + review + reviewp, data = fashion, cor = TRUE)

> summary(result. pr, loadings = TRUE)

> load < − loadings(result. pr)   % 提取载荷阵

> plot(load[,1:2], type = "n"); text(load[,1], load[,2])   % 绘制前两个主成分载荷系数的散点图

制作的指标散点图如图5.4所示。由图5.4可以看出,指标1、指标3、指标4 和指标5 即销售量、收藏数、百度指数和评论数量为一组;而指标2 和指标6 即价格差和正向评论占比为一组。由此可见,所选择的指标实质上由两种性质的指标构成,一类是"关注性"指标(销售量、收藏量、百度指数和评论数量),这类指标与消费者密切相关;另一类是"竞争性"指标(价格差和正向评论占比),这类指标与商家密切相关。尽管评论也是消费者所为,但评论倾向往往受到商家的诱导。

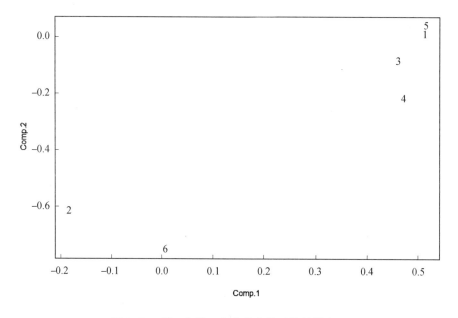

图 5.4   第一与第二主成分载荷系数的散点图

习   题

1. 主成分分析的目的是什么?
2. 如何保留主成分和说明主成分分析的有效性?

3. 如果 $\boldsymbol{X} = (X_1, X_2, \cdots, X_p)'$ 服从 p 元正态分布, 根据相关系数矩阵获取的主成分是 $\boldsymbol{Y} = (Y_1, Y_2, \cdots, Y_p)'$, 且每个主成分的方差分别是 $\lambda_1, \lambda_2, \cdots, \lambda_p$。

（1）写出前两个主成分 Y_1 和 Y_2 的分布形式；

（2）写出统计量 $\chi^2 = \dfrac{Y_1^2}{\lambda_1} + \dfrac{Y_2^2}{\lambda_2}$ 的分布；

（3）写出 χ^2 统计量的置信区间 $(\chi^2_{0.05}(2) = 5.99)$；

（4）根据该置信区间判定快时尚数据集中哪些品牌是统计意义上的异常样本, 并利用 R 语句实现。

4. 利用第 2 章习题 5 的数据进行如下统计分析：

（1）进行主成分分析；

（2）说明主成分分析的有效性；

（3）利用保留的主成分得分对样本分组；

（4）利用主成分载荷对变量进行分组；

（5）利用本章习题 3 的结论识别统计意义上的异常样本。

5. 探索利用程序包"psych"实现主成分分析的方法。

第6章　因子分析

本章的学习目标:

1. 理解因子分析的基本原理
2. 掌握保留公因子的方法
3. 掌握公因子的命名方法
4. 可以判别因子分析的有效性
5. 可以利用R进行因子分析
6. 掌握因子分析的应用

改革开放四十多年来,我国经济经历了跨越式发展。我国GDP占世界经济总量的比重从1978年的2%左右上升到2017年的15%。2010年,我国成为世界第二大经济体。在经济快速发展的同时,资源环境问题也得到了广泛关注。本章收集了2015年我国各省(自治区、直辖市)反映工业生产与环境污染情况的数据。统计指标包括:固定资产投资、就业人数、煤炭消费量、GDP、SO_2、烟尘排放量及工业固体废弃物生产量。数据文件为"pollution.xls",详细数据见表6.1。

表6.1　我国2015年各地区的工业生产与环境污染数据

地区	固定资产投资/亿元	就业人数	煤炭消费量/万吨	GDP/亿元	SO_2/t	烟尘排放量/t	工业固体废弃物/万吨
北京市	7 496	951.7	1 165.18	23 014.59	71 172	49 387	710
天津市	11 832	184.1	4 538.83	16 538.19	185 900	100 686	1 546
河北省	29 448.3	805.2	28 943.13	29 806.11	1 108 371	1 575 417	35 372
山西省	14 074.2	497.3	37 115.1	12 766.49	1 120 643	1 448 904	31 794
内蒙古自治区	13 702.2	512	36 499.76	17 831.51	1 230 946	878 753	26 669
辽宁省	17 917.9	890.4	17 336.36	28 669.02	968 767	1 000 038	32 434
吉林省	12 705.3	580.4	9 805.31	14 063.13	362 928	447 329	5 385
黑龙江省	10 182.9	303.4	13 432.85	15 083.67	456 331	644 064	7 495
上海市	6 352.7	1 083.7	4 728.13	25 123.45	170 844	120 668	1 868
江苏省	46 246.9	2 791.1	27 209.12	70 116.38	835 059	654 501	10 701
浙江省	27 323.3	2 417.6	13 826.07	42 886.49	537 826	330 249	4 486
安徽省	24 386	919.3	15 671.32	22 005.63	480 073	545 917	13 059
福建省	21 301.4	913.4	7 659.94	25 979.82	337 882	341 664	4 956
江西省	17 388.1	864.8	7 698.24	16 723.78	528 065	480 624	10 777
山东省	48 312.4	2 042.4	40 926.94	63 002.33	1 525 670	1 082 461	19 798

续表6.1

地区	固定资产投资/亿元	就业人数	煤炭消费量/万吨	GDP/亿元	SO_2/t	烟尘排放量/t	工业固体废弃物/万吨
河南省	35 660.3	995.1	23 719.94	37 002.16	1 144 252	846 125	14 722
湖北省	26 563.9	1 529.7	11 765.91	29 550.19	551 358	446 974	7 750
湖南省	25 045.1	1 063.3	11 142.26	28 902.21	595 473	454 499	7 126
广东省	30 343	3 020.4	16 587.32	72 812.55	678 341	347 786	5 609
广西壮族自治区	16 227.8	646.4	6 046.71	16 803.12	421 199	355 865	6 977
海南省	3 451.2	175.6	1 071.92	3 702.76	32 300	20 400	422
重庆市	14 353.2	931	6 047.19	15 717.27	495 802	209 078	2 828
四川省	25 525.9	1 345	9 288.9	30 053.1	717 584	412 572	12 316
贵州省	10 945.5	514.7	12 833.49	10 502.56	852 964	285 589	7 055
云南省	13 500.6	672.1	7 712.85	13 619.17	583 739	312 563	14 109
西藏自治区	1 295.7	71.9	128.95	1 026.39	5 373	17 085	400
陕西省	18 582.2	483.5	18 373.61	18 021.86	735 017	603 649	9 330
甘肃省	8 754.2	370.3	6 557.06	6 790.32	570 621	295 440	5 824
青海省	3 210.6	70.8	1 508.12	2 417.05	150 766	246 020	14 868
宁夏回族自治区	3 505.4	136	8 907.37	2 911.77	357 596	229 909	3 430
新疆维吾尔自治区	10 813	294.3	17 359.28	9 324.8	778 330	595 917	7 263

　　数据集中的每个指标都有明确的含义,但在大多数情况下,通过主成分的载荷系数和表达式未必能明确主成分的经济管理含义,这就为解释主成分分析结果并进一步提供管理建议制造了障碍。为了克服主成分内在含义不明确的问题,本章将介绍因子分析(Factor Analysis)方法。因子分析的目的除了降维和消除共线性以外,还要寻找具有经济管理含义的公因子,即要使得压缩和消除了共线性的公因子具有可解释性。

6.1　因子分析的基本原理

　　为了说明因子分析的基本原理,将第 5 章的标准化原指标与主成分的关系式(5.12)
$$\begin{cases} z_1 = u_{11}Y_1 + u_{21}Y_2 + \varepsilon_1 \\ z_2 = u_{12}Y_1 + u_{22}Y_2 + \varepsilon_2 \\ \quad\cdots\cdots \\ z_p = u_{1p}Y_1 + u_{2p}Y_2 + \varepsilon_p \end{cases}$$
进一步改写成标准化原指标与标准化主成分的关系式,即

$$\begin{cases} z_1 = (u_{11}\sqrt{\lambda_1})\dfrac{Y_1}{\sqrt{\lambda_1}} + (u_{21}\sqrt{\lambda_2})\dfrac{Y_2}{\sqrt{\lambda_2}} + \varepsilon_1 = a_{11}F_1 + a_{21}F_2 + \varepsilon_1 \\[2mm] z_2 = (u_{12}\sqrt{\lambda_1})\dfrac{Y_1}{\sqrt{\lambda_1}} + (u_{22}\sqrt{\lambda_2})\dfrac{Y_2}{\sqrt{\lambda_2}} + \varepsilon_2 = a_{12}F_1 + a_{22}F_2 + \varepsilon_2 \\[2mm] \cdots\cdots \\[2mm] z_p = (u_{1p}\sqrt{\lambda_1})\dfrac{Y_1}{\sqrt{\lambda_1}} + (u_{2p}\sqrt{\lambda_2})\dfrac{Y_2}{\sqrt{\lambda_2}} + \varepsilon_p = a_{1p}F_1 + a_{2p}F_2 + \varepsilon_p \end{cases} \tag{6.1}$$

其矩阵表达式为

$$\boldsymbol{Z} = \begin{bmatrix} z_1 \\ z_2 \\ \vdots \\ z_p \end{bmatrix} = \begin{bmatrix} a_{11} & a_{21} \\ a_{12} & a_{22} \\ \vdots & \vdots \\ a_{1p} & a_{2p} \end{bmatrix} \begin{bmatrix} F_1 \\ F_2 \end{bmatrix} + \begin{bmatrix} \varepsilon_1 \\ \varepsilon_2 \\ \vdots \\ \varepsilon_p \end{bmatrix} = \boldsymbol{AF} + \boldsymbol{\varepsilon} \tag{6.2}$$

其中

$$\boldsymbol{A} = \begin{bmatrix} a_{11} & a_{21} \\ a_{12} & a_{22} \\ \vdots & \vdots \\ a_{1p} & a_{2p} \end{bmatrix}, \quad \boldsymbol{F} = \begin{bmatrix} F_1 \\ F_2 \end{bmatrix}, \quad \boldsymbol{\varepsilon} = \begin{bmatrix} \varepsilon_1 \\ \varepsilon_2 \\ \vdots \\ \varepsilon_p \end{bmatrix}$$

式(6.2) 中的 $\boldsymbol{A}$、$\boldsymbol{F}$ 和 $\boldsymbol{\varepsilon}$ 有如下几个特征：

（1）标准化主成分 $\boldsymbol{F}$ 的统计特征是

$$E(F_1) = E(F_2) = 0; \quad D(F_1) = D(F_2) = 1; \quad \mathrm{cov}(F_1, F_2) = 0$$

（2）误差项 $\boldsymbol{\varepsilon}$ 和标准化主成分 $\boldsymbol{F}$ 的统计特征是

$$E(\varepsilon_i) = 0; \quad \mathrm{cov}(F_1, \varepsilon_i) = \mathrm{cov}(F_2, \varepsilon_i) = 0 \quad (i = 1, 2, \cdots, p)$$

（3）标准化原指标 z 与标准化主成分 $\boldsymbol{F}$ 的相关系数是

$$\rho(z_i, F_1) = a_{1i}; \quad \rho(z_i, F_2) = a_{2i} \quad (i = 1, 2, \cdots, p)$$

这是因为

$$\rho(z_i, F_1) = \frac{\mathrm{cov}(z_i, F_1)}{D(z_i)D(F_1)} = \mathrm{cov}(a_{1i}F_1 + a_{2i}F_2 + \varepsilon_i, F_1) = a_{1i}\mathrm{cov}(F_1, F_1) = a_{1i}$$

$$\rho(z_i, F_2) = \frac{\mathrm{cov}(z_i, F_2)}{D(z_i)D(F_2)} = \mathrm{cov}(a_{1i}F_1 + a_{2i}F_2 + \varepsilon_i, F_2) = a_{2i}\mathrm{cov}(F_2, F_2) = a_{2i}$$

因此，式(6.2) 中的系数 a_{1i} 和 a_{2i} 反映了第 i 个指标依赖于标准化第一主成分和标准化第二主成分的程度。如果要使得 F_1 和 F_2 有意义，则应该保证具有经济管理含义的原始指标 z_i 仅仅依赖于 F_1 或 F_2，即如果 a_{1i} 的绝对值很大，那么 a_{2i} 的绝对值就应该很小。如此处理系数（载荷）会产生如下效果，原标准化指标 $z_1, z_2, \cdots, z_p$ 中的一部分，比如 z_1, z_4, z_6 将完全依赖于 F_1，而另一部分指标 z_2, z_3, z_5 则完全依赖于 F_2。在此情形下，就可以根据指标集合(z_1, z_4, z_6)的经济管理含义赋予 F_1 以实际意义。同理，F_2 的实际意义完全由指标集合(z_2, z_3, z_5)决定。由此得到的 F_1 和 F_2 也称为公因子。

根据式(6.1)，快时尚数据集载荷系数矩阵的初始状态为

$$A^0 = \begin{bmatrix} a_{11}^0 & a_{21}^0 \\ a_{12}^0 & a_{22}^0 \\ \vdots & \vdots \\ a_{1p}^0 & a_{2p}^0 \end{bmatrix} = \begin{bmatrix} u_{11}\sqrt{\lambda_1} & u_{21}\sqrt{\lambda_2} \\ u_{12}\sqrt{\lambda_1} & u_{22}\sqrt{\lambda_2} \\ \vdots & \vdots \\ u_{1p}\sqrt{\lambda_1} & u_{2p}\sqrt{\lambda_2} \end{bmatrix} = \begin{bmatrix} 0.968\,3 & 0.021\,0 \\ -0.344\,6 & -0.722\,2 \\ 0.871\,3 & -0.092\,0 \\ 0.890\,8 & -0.251\,4 \\ 0.972\,0 & 0.048\,8 \\ 0.014\,1 & -0.883\,8 \end{bmatrix} \tag{6.3}$$

原指标与 F_1 和 F_2 的相关系数见表 6.2。

表 6.2　相关系数表

标准化指标	F_1	F_2
$Z(\text{sale})$	**0.968 3**	0.021 0
$Z(\text{priced})$	-0.344 6	**-0.722 2**
$Z(\text{collect})$	**0.871 3**	-0.092 0
$Z(\text{Baidu})$	**0.890 8**	-0.251 4
$Z(\text{review})$	**0.972 0**	0.048 8
$Z(\text{reviewp})$	0.014 1	**-0.883 8**

该矩阵的特点是每一行总有一个相关系数的绝对值大于另一个相关系数的绝对值；其次，每一列中某些系数的绝对值接近 1，另外一些系数接近 0。因此，该载荷系数矩阵具有良好的可分性。由于销售量、收藏数、百度指数和评论数量与 F_1 的相关系数都大于 0.8，价格差和正向评论占比与 F_2 的相关系数绝对值大于 0.7，因此可以认为指标集"销售量、收藏数、百度指数和评论数量"更依赖于 F_1（标准化的第一主成分），而指标集"价格差和正向评论占比"更依赖于 F_2（标准化的第二主成分）。于是，根据 F_1 和 F_2 所包含指标的含义，重新命名 F_1 为"关注性因子"，命名 F_2 为"竞争性因子"。因此，本案例标准化的主成分实质上是具有经济管理含义的公因子。

遗憾的是，在大多数情况下，初始载荷矩阵（6.3）并不具有良好的可分性。因此，因子分析的主要任务就是寻找一个载荷系数矩阵

$$A = \begin{bmatrix} a_{11} & a_{21} \\ a_{12} & a_{22} \\ \vdots & \vdots \\ a_{1p} & a_{2p} \end{bmatrix}$$

使得每一行和每一列都具有可分性，即每一行有一个载荷的绝对值远远大于其他载荷的绝对值，每一列中一部分载荷的绝对值靠近 1，另外一部分载荷靠近 0。根据初始载荷阵（6.3）可知，载荷阵的两列具有正交性（内积为零），所以只要每一列具有可分性即可。

推而广之，得出以下几个结论：

（1）每个原指标都可以表示成少数几个公因子的线性组合与误差之和的形式；

（2）公因子的个数少于原变量的个数（降维），且保留了原变量的大部分信息（降维依据）；

（3）公因子的均值为 0、标准差为 1，且两两不相关（消除共线性）；

（4）组合系数（载荷系数）反映原指标或原始变量依赖于公因子的程度（解读公因子的依据）；

（5）一般情况下,公因子有明确的经济管理含义。

6.2　因子载荷的求解

如果能从 p 元变量 $\boldsymbol{X} = (X_1, X_2, \cdots, X_p)'$ 中抽取出 m 个公因子 $\boldsymbol{F} = (F_1, F_2, \cdots, F_m)'$,则一般因子模型可以表示为

$$\boldsymbol{X} = \begin{bmatrix} X_1 \\ X_2 \\ \vdots \\ X_p \end{bmatrix} = \begin{bmatrix} a_{11} & a_{21} & \cdots & a_{m1} \\ a_{12} & a_{22} & \cdots & a_{m2} \\ \vdots & \vdots & & \vdots \\ a_{1p} & a_{2p} & \cdots & a_{mp} \end{bmatrix} \begin{bmatrix} F_1 \\ F_2 \\ \vdots \\ F_m \end{bmatrix} + \begin{bmatrix} \varepsilon_1 \\ \varepsilon_2 \\ \vdots \\ \varepsilon_p \end{bmatrix} = \boldsymbol{AF} + \boldsymbol{\varepsilon} \qquad (6.4)$$

模型(6.4)中的公因子向量 $\boldsymbol{F}$、误差向量 $\boldsymbol{\varepsilon}$ 和载荷系数阵 $\boldsymbol{A}$ 有如下几个特征:

（1）
$$m < p$$

该性质表明:公因子的个数少于原来变量的个数。因此,因子分析可以达到降维的目的。

（2）
$$E(\boldsymbol{F}) = (0, 0, \cdots, 0)'; \quad D(\boldsymbol{F}) = \mathrm{cov}(\boldsymbol{F}, \boldsymbol{F}) = \boldsymbol{E}_m$$

其中,$\boldsymbol{E}_m$ 是 m 阶单位矩阵。该性质表明:公因子的数学期望为0,方差为1,且公因子之间是互不相关的。因此,公因子不可以相互替代。

（3）
$$\mathrm{cov}(\boldsymbol{F}, \boldsymbol{\varepsilon}) = \boldsymbol{O}_{m \times p}$$

其中,$\boldsymbol{O}_{m \times p}$ 是 $m \times p$ 阶零矩阵。该性质表明:公因子与误差互不相关。

（4）如果 $\boldsymbol{X} = (X_1, X_2, \cdots, X_p)'$ 是标准化的变量,则载荷系数 a_{ki} 是 X_i 与 F_k 的相关系数,即

$$\rho(X_i, F_k) = a_{ki} \quad (k = 1, 2, \cdots, m; i = 1, 2, \cdots, p)$$

由该性质可以定义每个公因子的含义。

根据以上性质和说明,因子分析最重要的步骤就是计算载荷系数阵 $\boldsymbol{A}$,即载荷矩阵。载荷矩阵的计算有许多种方法,本节仅仅简要介绍基于主成分的方差最大化(Variance Maximum)方法。

6.2.1　理论依据

定理 6.1　对载荷矩阵 $\boldsymbol{A}$ 进行正交变换,不改变公因子的基本特征。

证明　对 m 阶正交矩阵 $\boldsymbol{\Gamma}$,因子模型(6.4)还可以写成
$$\boldsymbol{X} = \boldsymbol{AF} + \boldsymbol{\varepsilon} = (\boldsymbol{A\Gamma})(\boldsymbol{\Gamma}'\boldsymbol{F}) + \boldsymbol{\varepsilon}$$

此时,载荷矩阵的另一种形式为 $\boldsymbol{A\Gamma}$,这实质上是对载荷矩阵进行正交变换。对载荷矩阵的正交变换引起公因子的正交变换 $\boldsymbol{\Gamma}'\boldsymbol{F}$。$\boldsymbol{\Gamma}'\boldsymbol{F}$ 依然满足公因子的如下性质:

（1）$E(\boldsymbol{\Gamma}'\boldsymbol{F}) = \boldsymbol{O}_{m \times 1}$;

（2）$\mathrm{cov}(\boldsymbol{\Gamma}'\boldsymbol{F}, \boldsymbol{\Gamma}'\boldsymbol{F}) = \boldsymbol{\Gamma}'\mathrm{cov}(\boldsymbol{F}, \boldsymbol{F})\boldsymbol{\Gamma} = \boldsymbol{\Gamma}'\boldsymbol{E}_m\boldsymbol{\Gamma} = \boldsymbol{\Gamma}'\boldsymbol{\Gamma} = \boldsymbol{E}_m$;

（3）$\mathrm{cov}(\boldsymbol{\Gamma}'\boldsymbol{F}, \boldsymbol{\varepsilon}) = \boldsymbol{\Gamma}'\mathrm{cov}(\boldsymbol{F}, \boldsymbol{\varepsilon}) = \boldsymbol{O}_{m \times p}$。

因此,正交变换后的公因子 $\boldsymbol{\Gamma}'\boldsymbol{F}$ 仍具有公因子的基本特征。

定理6.1表明,当初始载荷矩阵 $\boldsymbol{A}$ 不具有可分性时,可以通过正交变换使其具有可分性。当一次正交变换没有达到可分性的目标时,还可以继续寻找正交矩阵对载荷矩阵进

行变换,直到得到满意的载荷矩阵为止。总之,具有可分性的载荷矩阵可以通过对初始载荷矩阵进行多次正交变换得到。

6.2.2　初始载荷矩阵与正交变换

初始载荷矩阵的获取方法有主成分法、主因子法和基于正态分布假设的极大似然法。为了便于理解,这里仅仅介绍主成分法。根据初始载荷矩阵(6.3)可知:

(1) 标准化的主成分就是初始公因子;

(2) 初始载荷矩阵的第一列是对应第一个主成分的组合系数与对应标准差之积;初始载荷矩阵的第二列是对应第二个主成分的组合系数与对应标准差之积;依此类推。

假设主成分分析保留了两个主成分,则初始载荷矩阵为

$$\boldsymbol{A}^0 = \begin{bmatrix} a_{11}^0 & a_{21}^0 \\ a_{12}^0 & a_{22}^0 \\ \vdots & \vdots \\ a_{1p}^0 & a_{2p}^0 \end{bmatrix} = \begin{bmatrix} u_{11}\sqrt{\lambda_1} & u_{21}\sqrt{\lambda_2} \\ u_{12}\sqrt{\lambda_1} & u_{22}\sqrt{\lambda_2} \\ \vdots & \vdots \\ u_{1p}\sqrt{\lambda_1} & u_{2p}\sqrt{\lambda_2} \end{bmatrix} \tag{6.5}$$

一个简单和直观的 2 阶正交矩阵为

$$\boldsymbol{\Gamma} = \begin{bmatrix} \cos\theta & -\sin\theta \\ \sin\theta & \cos\theta \end{bmatrix} \tag{6.6}$$

该正交矩阵可用于坐标轴旋转 θ 角后的新坐标计算,所以这种变换也称为正交旋转。其中,θ 是未知参数,需通过计算 $\boldsymbol{A}^0\boldsymbol{\Gamma}$ 并使其具有可分性而定。

6.2.3　方差最大化法

为了寻找正交矩阵(6.6)或矩阵中的参数 θ,首先计算初始载荷矩阵 $\boldsymbol{A}^0$ 与正交变换 $\boldsymbol{\Gamma}$ 的乘积,于是有

$$\boldsymbol{A}^0\boldsymbol{\Gamma} = \begin{bmatrix} a_{11}^0 & a_{21}^0 \\ a_{12}^0 & a_{22}^0 \\ \vdots & \vdots \\ a_{1p}^0 & a_{2p}^0 \end{bmatrix} \begin{bmatrix} \cos\theta & -\sin\theta \\ \sin\theta & \cos\theta \end{bmatrix} = \begin{bmatrix} a_{11}^0\cos\theta + a_{21}^0\sin\theta & -a_{11}^0\sin\theta + a_{21}^0\cos\theta \\ a_{12}^0\cos\theta + a_{22}^0\sin\theta & -a_{12}^0\sin\theta + a_{22}^0\cos\theta \\ \vdots & \vdots \\ a_{1p}^0\cos\theta + a_{2p}^0\sin\theta & -a_{1p}^0\sin\theta + a_{2p}^0\cos\theta \end{bmatrix}$$

并记

$$\boldsymbol{A}^0\boldsymbol{\Gamma} = \begin{bmatrix} b_{11}(\theta) & b_{21}(\theta) \\ b_{12}(\theta) & b_{22}(\theta) \\ \vdots & \vdots \\ b_{1p}(\theta) & b_{2p}(\theta) \end{bmatrix} = \boldsymbol{A}^{(1)} \tag{6.7}$$

为了使得正交旋转后的载荷阵 $\boldsymbol{A}^{(1)}$ 具有可分性,应该使得 $\boldsymbol{A}^{(1)}$ 每一列元素的绝对值尽可能地靠近 1 或 0,这种取值越分散越好的可分性质也可以表述为"最大化每一列平方元素的方差",这种方法也称为方差最大化方法。

记 $V_i(\theta)$ 为矩阵(6.7)第 i 列元素平方 $b_{i1}^2(\theta), b_{i2}^2(\theta), \cdots, b_{ip}^2(\theta)$($i=1,2$)的方差,则通过优化模型 $\max(V_1(\theta) + V_2(\theta))$,可以求解正交矩阵中的参数 θ,进而可以获得载荷阵 $\boldsymbol{A}^{(1)}$。如果 $\boldsymbol{A}^{(1)}$ 没有达到可分性的要求,还可以继续进行形式为式(6.6)的正交变换,并

通过方差最大化方法求解新的载荷矩阵 $A^{(2)}$。依此类推,可以得到一系列的载荷矩阵: $A^{(1)},A^{(2)},\cdots,A^{(q+1)}$。如果 $A^{(q)}$ 与 $A^{(q+1)}$ 的差异不是很大,则最终的载荷矩阵可取为 $A^{(q)}$。最后,根据载荷矩阵 $A^{(q)}$ 中载荷系数(相关系数)的大小为每个公因子命名。

6.3　因子分析的有效性

根据得到的因子载荷矩阵,可以写出最后的因子模型

$$\begin{cases} X_1 = a_{11}F_1 + a_{21}F_2 + \varepsilon_1 \\ X_2 = a_{12}F_1 + a_{22}F_2 + \varepsilon_2 \\ \quad\cdots\cdots \\ X_p = a_{1p}F_1 + a_{2p}F_2 + \varepsilon_p \end{cases} \tag{6.8}$$

当 $X = (X_1,X_2,\cdots,X_p)'$ 是标准化向量时,第 i 个分量的方差为

$$1 = D(X_i) = a_{1i}^2 D(F_1) + a_{2i}^2 D(F_2) + D(\varepsilon_i)$$
$$= a_{1i}^2 + a_{2i}^2 + D(\varepsilon_i) \tag{6.9}$$

式(6.9)表明:保留的两个公因子所解释原始变量的信息占比为 $(a_{1i}^2 + a_{2i}^2)$,这是主成分分析中共同度的概念。当然,这个共同度也是越大越好。一般情况下,共同度最好大于 0.7。

对式(6.9)的两端 i 求和,有

$$p = \sum_{i=1}^p D(X_i) = \sum_{i=1}^p a_{1i}^2 + \sum_{i=1}^p a_{2i}^2 + \sum_{i=1}^p D(\varepsilon_i) \tag{6.10}$$

根据式(6.10),所有原始变量 P 个单位的信息被第一个公因子解释了 $\sum_{i=1}^p a_{1i}^2$;被第二个公因子解释了 $\sum_{i=1}^p a_{2i}^2$,它们分别占总方差的 $\sum_{i=1}^p a_{1i}^2/p$ 和 $\sum_{i=1}^p a_{2i}^2/p$。与主成分分析类似,称它们分别是第一个公因子和第二个公因子的方差贡献,并记为 PV_1 和 PV_2。如果累计方差贡献率 $CV = PV_1 + PV_2$ 超过80%(或85%),则保留两个公因子是合理的。否则,需要增加公因子的个数。

实现因子分析的 R 函数是 factanal( ),该函数采用极大似然法估计初始载荷矩阵,利用方差最大化方法(Varimax)获得最后的载荷矩阵。为了实现环境污染数据的因子分析,首先将数据文件存为文本文件 pollute.txt,目的是避免大批量输入数据的困难。部分 pollute.txt 的内容与格式如下:

Invest	Labor	Coal	GDP	SO2	Dust	SolidW
7 496	951.7	1 165.18	23 014.59	71 172	49 387	710
11 832	184.1	4 538.83	16 538.19	185 900	100 686	1 546
29 448.3	805.2	28 943.13	29 806.11	1 108 371	1 575 417	35 372
14 074.2	497.3	37 115.1	12 766.49	1 120 643	1 448 904	31 794
13 702.2	512	36 499.76	17 831.51	1 230 946	878 753	26 669
17 917.9	890.4	17 336.36	28 669.02	968 767	1 000 038	32 434

12 705. 3	580. 4	9 805. 31	14 063. 13	362 928	447 329	5 385
10 182. 9	303. 4	13 432. 85	15 083. 67	456 331	644 064	7 495
6 352. 7	1 083. 7	4 728. 13	25 123. 45	170 844	120 668	1 868
46 246. 9	2 791. 1	27 209. 12	70 116. 38	835 059	654 501	10 701
27 323. 3	2 417. 6	13 826. 07	42 886. 49	537 826	330 249	4 486
24 386	919. 3	15 671. 32	22 005. 63	480 073	545 917	13 059
21 301. 4	913. 4	7 659. 94	25 979. 82	337 882	341 664	4 956
17 388. 1	864. 8	7 698. 24	16 723. 78	528 065	480 624	10 777
48 312. 4	2 042. 4	40 926. 94	63 002. 33	1 525 670	1 082 461	19 798
35 660. 3	995. 1	23 719. 94	37 002. 16	1 144 252	846 125	14 722

实现因子分析的 R 语句为

> pollu < - read. table("F:/pollute. txt",head = TRUE);

      % 利用 read. table( ) 函数读入路径 F:/ 下的 pollute. txt

> factanal(~ . ,factors = 2,data = pollu)

      % 利用 factanal( ) 执行保留 2 个公因子的因子分析

其中,"factors = 2"表示保留 2 个公因子;"~."表示因子分析包括所有的指标。如果进行因子分析时不包含指标 GDP,则第二行可以写成

> factanal(~ Invest + Labor + Coal + SO2 + Dust + SolidW,factors = 2,data = pollu)

回车后,得到的输出结果如下:

```
Call:
factanal( x = ~ . ,factors = 2,data = pollu)


Uniquenesses:
```

Invest	Labor	Coal	GDP	SO2	Dust	SolidW
0.156	0.081	0.145	0.007	0.185	0.045	0.170

```
Loadings:
```

	Factor1	Factor2
Invest	0.415	**0.820**
Labor		**0.959**
Coal	**0.860**	0.341
GDP	0.183	**0.979**
SO2	**0.844**	0.319
Dust	**0.970**	0.120
SolidW	**0.911**	
	Factor1	Factor2
SS loadings	3.429	2.782

| Proportion Var | **0.490** | **0.397** |
| Cumulative Var | 0.490 | **0.887** |

结果的第一部分是执行的因子分析语句。

结果的第二部分"Uniquenesses"为因子模型误差项的方差,即式(6.8)中的 $D(\varepsilon_i)$,根据这一等式,保留的两个公因子可以解释每个指标的程度为

$$C_i = 1 - D(\varepsilon_i) = a_{1i}^2 + a_{2i}^2$$

这就是每个指标的共同度。本案例每个指标的共同度分别为 0.844,0.919,0.855,0.993,0.815,0.955,0.830,共同度均大于 0.7,满足有效性要求。

结果的第三部分"Loadings"给出了载荷矩阵。由载荷系数可知,与第一个公因子高度相关的是煤炭消费、SO_2、烟尘排放和工业固体废弃物。因此,可以称第一个公因子为"污染源因子"。与第二个公因子高度相关的是固定资产投资、就业人数和 GDP,它们反映了国民经济发展的主要投入(劳动和资本)产出(GDP)要素,可以称其为"经济发展因子"。

结果的第四部分给出的是有关公因子重要程度的信息。"SS loadings"是载荷系数的平方和,即 $\sum_{i=1}^{p} a_{1i}^2$。"Proportion Var"为方差占比 PV_i,它表示每个公因子解释原始变量总方差的程度,反映每个公因子的重要程度。本案例中第一个公因子解释了原始变量 49% 的方差;第二个公因子解释了原始变量 39.7% 的方差。累计方差贡献 CV(Cumulative Var)达到了 88.7%。由共同度和累计方差贡献可以看出,保留两个公因子是合理的。

6.4　公因子得分

当根据载荷矩阵明确每个公因子的含义后,与主成分分析一样,还需要计算每个样本的公因子得分。估算公因子得分的方法主要有两种,一是回归法(Regression);二是基于正态性假设的巴特莱特法(Bartlett)。这里主要介绍易于理解的回归法。

假设保留了两个公因子 F_1 和 F_2,与主成分分析模型相似,为了得到公因子的得分,需要构建如下线性表达式:

$$\begin{cases} F_1 = \beta_{11}X_1 + \beta_{12}X_2 + \cdots + \beta_{1p}X_p \\ F_2 = \beta_{21}X_1 + \beta_{22}X_2 + \cdots + \beta_{2p}X_p \end{cases} \tag{6.11}$$

其矩阵表达式为

$$F = \begin{bmatrix} F_1 \\ F_2 \end{bmatrix} = \begin{bmatrix} \beta_{11} & \beta_{12} & \cdots & \beta_{1p} \\ \beta_{21} & \beta_{22} & \cdots & \beta_{2p} \end{bmatrix} \begin{bmatrix} X_1 \\ X_2 \\ \vdots \\ X_p \end{bmatrix} = BX \tag{6.12}$$

如果能够计算线性模型中的组合系数 $\beta_{i1}, \beta_{i2}, \cdots, \beta_{ip}(i = 1, 2)$ 或 B,就可以根据每个样本原指标的取值和线性表达式(6.11)或(6.12)得到每个公因子的得分。

为了得到这些组合系数或回归系数,在原始变量标准化的情况下,首先计算 F_1 与每个 X_k 的相关系数 $\rho_{F_1, X_k}(k = 1, 2, \cdots, p)$。根据载荷系数的含义及公因子与变量之间的关

系式(6.11),有

$$a_{1k} = \mathrm{cov}(F_1, X_k) = \mathrm{cov}(\beta_{11}X_1 + \beta_{12}X_2 + \cdots + \beta_{1p}X_p, X_k) = \beta_{11}\rho_{1k} + \beta_{12}\rho_{2k} + \cdots + \beta_{1p}\rho_{pk}$$

或

$$\begin{bmatrix} a_{11} \\ a_{12} \\ \vdots \\ a_{1p} \end{bmatrix} = \begin{bmatrix} \rho_{11} & \rho_{21} & \cdots & \rho_{p1} \\ \rho_{12} & \rho_{22} & \cdots & \rho_{p2} \\ \vdots & \vdots & & \vdots \\ \rho_{1p} & \rho_{2p} & \cdots & \rho_{pp} \end{bmatrix} \begin{bmatrix} \beta_{11} \\ \beta_{12} \\ \vdots \\ \beta_{1p} \end{bmatrix} \qquad (6.13)$$

式(6.13)左端是载荷矩阵的第一列;右端第一项为原始变量 $\boldsymbol{X} = (X_1, X_2, \cdots, X_p)'$ 的相关系数矩阵;右端的第二项为式(6.11)第一个公因子的组合系数。同理,F_2 与每个 X_k 的相关系数 $\rho_{F_2, X_k}(k = 1, 2, \cdots, p)$ 也可以表示为

$$\begin{bmatrix} a_{21} \\ a_{22} \\ \vdots \\ a_{2p} \end{bmatrix} = \begin{bmatrix} \rho_{11} & \rho_{21} & \cdots & \rho_{p1} \\ \rho_{12} & \rho_{22} & \cdots & \rho_{p2} \\ \vdots & \vdots & & \vdots \\ \rho_{1p} & \rho_{2p} & \cdots & \rho_{pp} \end{bmatrix} \begin{bmatrix} \beta_{21} \\ \beta_{22} \\ \vdots \\ \beta_{2p} \end{bmatrix} \qquad (6.14)$$

进一步地,将式(6.13)和式(6.14)整合为

$$\boldsymbol{A} = \begin{bmatrix} a_{11} & a_{21} \\ a_{12} & a_{22} \\ \vdots & \vdots \\ a_{1p} & a_{2p} \end{bmatrix} = \begin{bmatrix} \rho_{11} & \rho_{21} & \cdots & \rho_{p1} \\ \rho_{12} & \rho_{22} & \cdots & \rho_{p2} \\ \vdots & \vdots & & \vdots \\ \rho_{1p} & \rho_{2p} & \cdots & \rho_{pp} \end{bmatrix} \begin{bmatrix} \beta_{11} & \beta_{21} \\ \beta_{12} & \beta_{22} \\ \vdots & \vdots \\ \beta_{1p} & \beta_{2p} \end{bmatrix} = \boldsymbol{R}\boldsymbol{B}' \qquad (6.15)$$

其中,$\boldsymbol{A}$ 是载荷系数矩阵;$\boldsymbol{R}$ 是相关系数矩阵;$\boldsymbol{B}'$ 就是要估计的组合系数矩阵。根据式(6.15),组合系数矩阵可以写成

$$\boldsymbol{B}' = \boldsymbol{R}^{-1}\boldsymbol{A}$$

或

$$\boldsymbol{B} = \boldsymbol{A}'\boldsymbol{R}^{-1} \qquad (6.16)$$

式(6.16)表明:组合系数矩阵是载荷系数矩阵转置与相关系数矩阵逆之乘积。从而,根据式(6.12),公因子得分的矩阵表达式为

$$\boldsymbol{F} = (\boldsymbol{A}'\boldsymbol{R}^{-1})\boldsymbol{X} \qquad (6.17)$$

实现公因子得分计算只要在因子分析的 R 函数 factanal( ) 中设置参数 scores = "regression" 即可。如果希望观察巴特莱特法的得分结果,可设置参数 scores = "Bartlett"。环境污染数据的因子分析实现与查看公因子得分的 R 语句为

```
> pollu < - read. table("F:/pollute. txt", head = TRUE)
> fa < - factanal( ~ . , factors = 2, data = pollu, scores = "regression")
> fa $ scores                    % 查看公因子得分
```

各地区根据回归法和巴特莱特法所得到的公因子得分见表6.3。

表 6.3　公因子得分

地区	回归法		巴特莱特法	
	Factor1	Factor2	Factor1	Factor2
北京市	− 1.275 21	0.185 151	− 1.315 18	0.195 272
天津市	− 0.958 72	− 0.259 9	− 0.986 08	− 0.255 59
河北省	2.529 195	− 0.128 24	2.606 861	− 0.146 34
山西省	2.484 589	− 1.027 53	2.566 961	− 1.052 75
内蒙古自治区	1.479 02	− 0.580 09	1.527 841	− 0.594 85
辽宁省	1.304 136	0.012 82	1.343 652	0.004 138
吉林省	− 0.222 55	− 0.470 54	− 0.226 14	− 0.472 92
黑龙江省	0.218 918	− 0.537 22	0.229 186	− 0.543 13
上海市	− 1.088 86	0.269 683	− 1.123 74	0.279 245
江苏省	0.127 088	2.588 982	0.113 501	2.609 488
浙江省	− 0.628 78	1.278 303	− 0.656 49	1.293 088
安徽省	0.142 229	− 0.073 77	0.147 046	− 0.075 34
福建省	− 0.521 6	0.232 954	− 0.539 00	0.238 391
江西省	− 0.084 16	− 0.323 05	− 0.084 54	− 0.325 15
山东省	1.516 926	1.921 084	1.550 044	1.926 714
河南省	0.913 375	0.580 955	0.937 197	0.579 594
湖北省	− 0.239 6	0.444 115	− 0.249 87	0.449 394
湖南省	− 0.190 46	0.348 683	− 0.198 6	0.352 844
广东省	− 0.753 8	2.858 081	− 0.795 95	2.886 743
广西壮族自治区	− 0.390 28	− 0.289 41	− 0.400 18	− 0.289 16
海南省	− 1.145 67	− 0.888 84	− 1.174 47	− 0.888 46
重庆市	− 0.694 13	− 0.255 71	− 0.713 49	− 0.253 14
四川省	− 0.190 51	0.435 225	− 0.199 23	0.440 1
贵州省	− 0.221 76	− 0.645 82	− 0.224 14	− 0.649 65
云南省	− 0.252 72	− 0.476 54	− 0.257 19	− 0.478 76
西藏自治区	− 1.153 37	− 1.038 37	− 1.181 39	− 1.039 17
陕西省	0.343 063	− 0.362 31	0.355 922	− 0.367 61
甘肃省	− 0.379 87	− 0.832 48	− 0.385 8	− 0.836 79
青海省	− 0.482 74	− 1.095 88	− 0.490 01	− 1.101 67
宁夏回族自治区	− 0.530 16	− 1.036 4	− 0.539 27	− 1.041 38
新疆维吾尔自治区	0.346 405	− 0.833 93	0.362 544	− 0.843 15

由表 6.3 各地区因子得分可以看出,两种方法计算的得分有一定差异。巴特莱特法的公因子绝对值几乎都大于回归法的公因子绝对值。但从公因子得分的散点图 6.1 来

看,样本点在两个散点图中的位置几乎没有差异。因此,在实际应用中,只要正态性基本满足,选择其中一种得分计算方法即可。

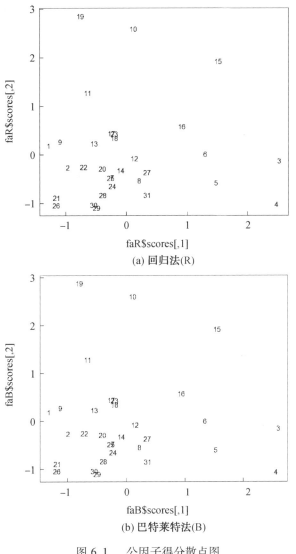

图 6.1　公因子得分散点图

6.5　因子分析的应用

与主成分分析类似,除了利用公因子得分将样本分组并识别样本中的异常值以外,由于在大多数情况下,公因子有经济管理含义,因此还可以利用公因子得分进行综合评价。

首先,需要构建综合评价公式。假设保留了两个公因子 F_1 和 F_2,每个公因子的方差贡献分别是 PV_1 和 PV_2。由于方差贡献能够反映每个公因子的重要程度,因此,公因子的方差贡献可以作为每个公因子的权重。当 F_1 和 F_2 都是越大越好(正向公因子)时,一个综合评价公式为

$$S = \frac{PV_1}{PV_1 + PV_2}F_1 + \frac{PV_2}{PV_1 + PV_2}F_2$$

考虑到评价结果不受乘数或除数的影响,综合评价公式也可以直接写成

$$S = PV_1 \cdot F_1 + PV_2 \cdot F_2 \tag{6.18}$$

环境污染数据所得到的第一个公因子为"污染源因子",其方差贡献为 0.490;第二个公因子为"经济发展因子",其方差贡献为 0.397。而"经济发展水平越高越好,环境污染程度越低越好"是全社会绿色发展的基本共识,也是绿色发展的基本体现。因此,一个合理的绿色发展综合评价公式为

$$S = - 0.490F_1 + 0.397F_2$$

实现环境污染数据综合评价的 R 语句为

```
> pollu < - read. table("F:/pollute. txt", head = TRUE)
> fa < - factanal( ~ . , factors = 2, data = pollu, scores = "regression")
> fa $ loadings          % 查看载荷与方差贡献
> fa $ scores            % 查看公因子得分
> S < - - 0.49 * fa $ scores[ ,1] + 0.397 * fa $ scores[ ,2]    % 计算综合得分
> S                      % 查看综合得分
```

各地区的"污染源因子"(Factor1)、"经济发展因子"(Factor2)和综合评价结果见表 6.4。由表6.4可以看出,广东省、江苏省、浙江省、北京市和上海市属于绿色发展水平较高的地区;而山西省、河北省、内蒙古自治区、辽宁省和新疆维吾尔自治区是绿色发展水平较低的地区。绿色发展的区域特征较为明显,东部地区绿色发展水平较高,而西部地区绿色发展水平普遍较低。

表 6.4　公因子得分与综合评价结果

地区	Factor1	Factor2	综合得分	排序
北京市	− 1.275 21	0.185 151	0.698 357	4
天津市	− 0.958 72	− 0.259 9	0.366 59	6
河北省	2.529 195	− 0.128 24	− 1.290 22	30
山西省	2.484 589	− 1.027 53	− 1.625 38	31
内蒙古自治区	1.479 02	− 0.580 09	− 0.955 02	29
辽宁省	1.304 136	0.012 82	− 0.633 94	28
吉林省	− 0.222 55	− 0.470 54	− 0.077 75	17
黑龙江省	0.218 918	− 0.537 22	− 0.320 55	26
上海市	− 1.088 86	0.269 683	0.640 604	5
江苏省	0.127 088	2.588 982	0.965 553	2
浙江省	− 0.628 78	1.278 303	0.815 59	3
安徽省	0.142 229	− 0.073 77	− 0.098 98	19
福建省	− 0.521 6	0.232 954	0.348 065	7
江西省	− 0.084 16	− 0.323 05	− 0.087 01	18
山东省	1.516 926	1.921 084	0.019 377	15
河南省	0.913 375	0.580 955	− 0.216 91	24
湖北省	− 0.239 6	0.444 115	0.293 717	8

续表6.4

地区	Factor1	Factor2	综合得分	排序
湖南省	− 0.190 46	0.348 683	0.231 754	11
广东省	− 0.753 8	2.858 081	1.504 019	1
广西壮族 自治区	− 0.390 28	− 0.289 41	0.076 341	14
海南省	− 1.145 67	− 0.888 84	0.208 507	12
重庆市	− 0.694 13	− 0.255 71	0.238 609	10
四川省	− 0.190 51	0.435 225	0.266 136	9
贵州省	− 0.221 76	− 0.645 82	− 0.147 73	21
云南省	− 0.252 72	− 0.476 54	− 0.065 35	16
西藏自治区	− 1.153 37	− 1.038 37	0.152 915	13
陕西省	0.343 063	− 0.362 31	− 0.311 94	25
甘肃省	− 0.379 87	− 0.832 48	− 0.144 36	20
青海省	− 0.482 74	− 1.095 88	− 0.198 52	23
宁夏回族 自治区	− 0.530 16	− 1.036 4	− 0.151 67	22
新疆维吾尔 自治区	0.346 405	− 0.833 93	− 0.500 81	27

习　　题

1. 阐述主成分分析与因子分析的相同点和差异。

2. 如何说明因子分析的有效性?

3. 利用环境污染数据的两个公因子得分进行聚类(散点图和 K − 均值聚类),并说明每一类的特点。

4. 收集我国近年各省(自治区、直辖市)反映工业生产与环境污染情况的数据。统计指标包括:固定资产投资、就业人数、煤炭消费量、GDP、SO_2、烟尘排放量及工业固体废弃物生产量。

(1) 进行主成分分析,并说明主成分分析的有效性;

(2) 进行因子分析,并说明因子分析的有效性;

(3) 利用公因子进行 K − 均值聚类;

(4) 利用公因子进行综合评价,并根据综合得分进行分类。

5. 探索利用程序包"psych"实现因子分析的方法。

第7章 回归分析

本章的学习目标：

1. 了解回归分析的目的和意义
2. 掌握多元线性回归分析的基本步骤
3. 掌握曲线回归分析方法
4. 可以利用 R 进行回归分析
5. 可以利用回归建模法进行预测
6. 可以利用回归建模法进行影响因素分析

科学有效地分析和预测不同类型影片的票房价值，不仅可以为电影业的投融资提供重要的参考依据，而且还可以指导影片的定价及衍生产品的开发。早在 20 世纪 80 年代，美国利用近 700 部电影进行分析，推出了票房收入的预测模型，该系统对之后美国电影投资界产生了颠覆性的影响。电影票房量化分析及预测系统（Box Revenue Prediction）主要是在考察导演、主要演员、制片、发行及市场营销、电影生命周期、电影类型、发行地区等诸多影响因素的基础上，基于资产定价模型、神经网络算法和回归统计分析方法研发出的预测系统。国内第一套电影票房预测分析系统是由中影集团联合艾亿新融资本于 2012 年 1 月推出的。

本章所使用的案例与第 2 章相同，将根据我国 2016 年 36 部影片的相关信息，尝试利用回归分析方法建立电影票房的预测模型和影响因素分析模型。文件中的变量包括：票房、豆瓣评分、成本、上映天数、导演年龄以及百度指数。其中："Box"（票房）和 "Score"（评分）反映影片投入市场后所产出效果；"Cost"（成本）、"Days"（上映天数）和 "Age"（导演年龄）反映影片的资金投入、放映周期和主创情况；"Baidu"（百度指数）反映影片的公众关注度。具体影片的相关数据见表 2.1。

7.1 相关系数与一元回归模型

7.1.1 一元回归理论回顾

建立一元回归模型就是建立一个自变量与因变量之间的线性关系模型。一般表达式为

$$y = \alpha + \beta x + \varepsilon \qquad (7.1)$$

其中，x 是自变量，也称为影响因素或解释变量；y 是因变量，也称为被解释变量；ε 是误差项，它是因变量 y 没有被 x 解释的部分（准确地说，是没有被 $\alpha + \beta x$ 解释的部分）。一般情况下，假设 ε 是一个随机变量，且服从 $N(0, \sigma^2)$。

在模型（7.1）中，由于假设误差项 $\varepsilon \sim N(0, \sigma^2)$，则因变量 y 也应服从正态分布 $N(\alpha + \beta x, \sigma^2)$。建立一元回归模型的任务就是根据这些前提假设，并利用一定量的样本

(最好大于 30),估计模型中的未知参数 α(截距)、β(斜率) 和模型方差 σ^2,并评估模型的有效性。

如果将 n 个样本 (y_i, x_i) 代入模型(7.1),则得到样本形式的回归模型表达式

$$y_i = \alpha + \beta x_i + \varepsilon_i \quad (i = 1, 2, \cdots, n) \tag{7.2}$$

其中,$\varepsilon_1, \varepsilon_2, \cdots, \varepsilon_n$ 独立同分布于 $N(0, \sigma^2)$。表7.1 是对一元回归建模方法的总结。建立回归模型的第一步是利用最小二乘法(OLS)估计模型(7.2)中的参数 α、β 和 σ^2;第二步是根据总平方和分解式说明模型的解释能力以及模型的显著性。

表7.1　一元回归方法总结

	项目	名称	公式	解释
参数的估计	α 和 β 的无偏估计	最小二乘法(OLS)	$\min \sum_{i=1}^{n} \varepsilon_i^2 = \min \sum_{i=1}^{n} (y_i - \alpha - \beta x_i)^2$ 最优解记为 $\hat{\alpha}, \hat{\beta}$	回归方程的表达式为 $\hat{y} = \hat{\alpha} + \hat{\beta} x$ 由该方程可进行预测
	方差 σ^2 的无偏估计	平均残差平方和(MSSE)	残差平方和为: $S_E = \sum_{i=1}^{n} \hat{\varepsilon}_i^2 = \sum_{i=1}^{n} (\hat{y}_i - \hat{\alpha} - \hat{\beta} x_i)^2$,则方差 σ^2 的无偏估计是:$\hat{\sigma}^2 = S_E/(n-2)$	反映样本总体偏离回归方程的程度,因而总体方差越小越好
模型的有效性	一个重要关系式	平方和分解	总平方和分解式:$S_T = S_R + S_E$,其中 $S_T = \sum_{i=1}^{n} (y_i - \bar{y})^2$,$S_R = \sum_{i=1}^{n} (\hat{y}_i - \bar{y})^2$	因变量的变异程度(方差或信息量)分别由回归平方和与残差平方和所解释
	模型的解释能力	决定系数	$R^2 = \dfrac{S_R}{S_T}$,$\quad adj-R^2 = 1 - \dfrac{n-1}{n-2} \dfrac{S_E}{S_T}$	反映自变量能够线性解释因变量的程度,因而决定系数越大越好
	模型的显著性	F - 检验	$F = \dfrac{S_R}{S_E/(n-2)} \sim F(1, n-2)$	零假设:自变量不能解释因变量($\beta_1 = 0$)
	系数的显著性	t - 检验	$t = \dfrac{\hat{\beta}}{S_\beta} \sim t(n-2)$	零假设:系数为零

7.1.2　预测变量的选择与 R 实现

由于相关系数反映两个变量之间线性相关的程度,因此,根据相关系数的大小可以决定哪个变量可以成为自变量或解释变量。根据第2章2.2节的相关分析结果可知,票房与

成本的相关性最大,其相关系数为 0.788 0,于是,可以建立如下一元回归预测模型:
$$票房 = \alpha + \beta \times 成本 + \varepsilon \tag{7.3}$$

根据票房数据,首先查看票房与成本的散点图,实现的 R 语句为

Boxoffice < − data. frame(Box = c(1.99,0.649,24.38,5.1,3.04,1.73,16.82,11.59,
9.56,9.02,0.22,0.496,0.61,0.68,0.729,0.87,0.787,0.787,0.634,33.9,10,8.89,
8.13,7.9,5.65,1.29,0.1,0.366,1.12,5.85,3.434,6.66,1.6,11.67,2.04,5.22),

Score = c(5.7,4.9,6.8,7.5,7.8,4,7.6,6.1,8.2,8,8,4.5,5.6,4.7,5.2,8,6.8,7.5,
4.5,6.9,4.8,5.6,5.5,6.5,6.6,6.3,7.7,6.1,3.8,5.4,8.4,5.2,5.5,7,5.4,4.4),

Cost = c(1.5,1,3.5,0.43,0.017,0.4,2.5,0.5,1.3,0.6,0.5,0.3,0.3,0.3,1,0.15,
0.7,0.25,0.16,3,2,2,0.8,0.35,0.3,0.7,0.2,0.2,0.25,0.4,0.3,0.3,0.4,0.35,0.8,
0.7),

Days = c(34,31,63,30,29,14,31,63,62,54,15,15,15,15,22,15,15,25,15,59,35,
30,27,16,25,38,31,31,15,38,34,45,24,34,26,32),

Age = c(70,54,53,33,48,39,44,34,41,48,46,34,34,36,45,77,43,52,40,54,56,
57,53,46,36,33,51,39,62,53,54,41,57,39,48,33),

Baidu = c(2241,1272,167,4306,1016,403,699,1068,108,11598,4214,236,1330,
131,269,482,384,183,124,41933,530,178,1709,542,156,143,1616,121,334,1616,
2647,2248,330,2813,526,14252))

```
> attach(Boxoffice)        % 绑定数据框
> plot( ~ Cost + Box)      % 绘制成本与票房的散点图
> detach(Boxoffice)        % 解除绑定
```

实现的散点图如图 7.1 所示。由图 7.1 可以看出,一般来说,电影票房随着资本投入的增加而升高。为了更清晰地观察票房与成本之间的直线关系,在散点图中增加一条穿过数据中心的直线。由于数据几乎从原点出发,因此这条直线的截距取值为 0。从实际背景来看,如果没有足够的投资,也就没有电影业的生存空间。

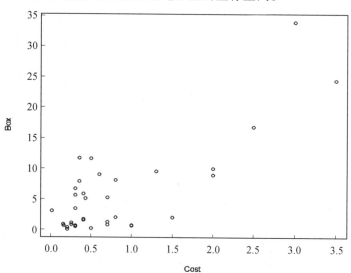

图 7.1　票房与成本的散点图

　　另外,在成本为 1 个单位时,样本票房的中心大致是 7 个单位,于是斜率可取值为 7。添加直线的 R 函数是 abline(a,b),其中的 a 是截距;b 是斜率。实现带有直线散点图的 R 语句为

　　> plot(~ Cost + Box);abline(0,7)　　% 在散点图上绘制截距为 0、斜率为 7 的直线

　　带有直线的散点图如图 7.2 所示。从图 7.2 可以看出,样本点平均地分散在直线的上下方,平均误差几乎为零,基本符合误差项数学期望为零的假设。但这条直线不是回归分析的结果,截距和斜率是通过观测得到的,而不是最小二乘估计。实现回归分析主要利用以下两个 R 函数:

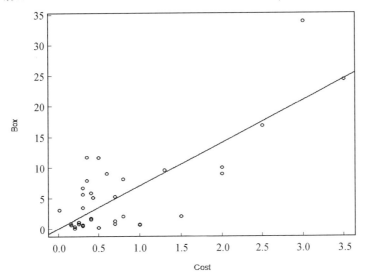

图 7.2　　带有直线的票房与成本的散点图

　　1. lm( ) 函数

　　该函数用于执行回归分析。函数的基本格式为

　　lm. sol < - lm(y ~ x,data = 文件名) 或 lm. sol < - lm(y ~ 1 + x,data = 文件名)

其中,y ~ x 或 y ~ 1 + x 表示建立带有截距项的一元回归模型;data 输入数据框形式的数据。输出结果赋给名为 lm. sol(可自定义文件名) 的文件。

　　2. summary( ) 函数

　　该函数用于提取回归分析的主要结果,包括参数估计以及模型的显著性等详细信息。其使用格式为

　　summary(lm. sol)

其中,lm. sol 是 lm( ) 函数执行的结果文件。

　　实现票房与成本的回归建模的 R 语句为

　　> lm. sol < - lm(Box ~ 1 + Cost,data = Boxoffice)

　　> summary(lm. sol)

　　其输出结果如下:

```
Call:
lm(formula = Box ~ 1 + Cost,data = Boxoffice)
```

Residuals：

Min	1Q	Median	3Q	Max
– 8.523 2	– 2.209 0	– 0.765 7	2.480 0	13.112 0

Coefficients：

	Estimate	Std. Error	t value	Pr(>| t |)
(Intercept)	0.238 5	1.045 8	0.228	0.821
Cost	6.849 8	0.917 7	7.464	1.16e – 08 * * *

- - -

Signif. codes： 0 '＊＊＊' 0.001 '＊＊' 0.01 '＊' 0.05 '.' 0.1 ' ' 1

Residual standard error：4.52 on 34 degrees of freedom

Multiple R – squared： 0.621,　　　Adjusted R – squared： 0.609 9

F – statistic：55.71 on 1 and 34 DF,　p – value：1.164e – 08

输出结果的第一部分是实现回归分析所使用的关系式以及数据文件。

输出结果的第二部分给出了残差的特征值。其中包括最小值、下四分位数、中位数、上四分位数和最大值。主要反映样本偏离回归方程的程度,且这些特征值的绝对值越小越好。

输出结果的第三部分给出了回归系数及其显著性检验结果。根据系数的估计值(Estimate)可以写出如下回归方程:

$$票房(估计值) = 0.238\ 5 + 6.849\ 8 \times 成本 \tag{7.4}$$

t – 检验结果表明,成本对票房有显著的正向影响,而截距项不显著,即不拒绝截距为零的假设。

输出结果的最后一部分给出了模型的有效性信息。 给出的第一个结果是标准残差 $\hat{\sigma} = \sqrt{S_E/(n-2)}$ (Residual Standard Error),本案例中的标准残差值是4.52,所以模型的总体方差为 $\hat{\sigma}^2 = 4.52^2 = 20.43$。第二个结果是决定系数(Multiple R – Squared)和调整的决定系数(Adjusted R – Squared),该模型的决定系数为0.621,因此模型可以解释票房62.1% 的方差。三是模型的 F – 检验结果,由于显著性水平(p – value)很小,因此成本对票房有显著的解释能力。总之,除了截距项不显著以外,回归模型有很好的解释能力。

在散点图 7.1 中添加回归直线的 R 语句为

> plot(~ Cost + Box)；abline(lm.sol)

执行结果如图 7.3 所示。

7.1.3　预测模型的调整

由系数的 t – 检验可知,预测模型(7.4)的截距项不显著。另外,依据常识,如果影片没有投资,票房也就无从谈起。也就是说,如果成本为0,票房也应为0。因此,模型中不包含截距项是合理的。所以,应根据相关数据建立如下模型:

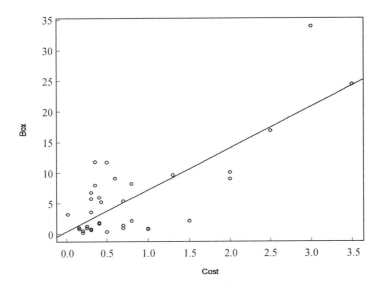

图 7.3　带有回归直线的散点图

$$票房 = \beta_1 \times 成本 + \varepsilon \qquad (7.5)$$

实现不含截距项的 R 语句为

> lm. sol < – lm(Box ~ 0 + Cost,data = Boxoffice)　　　　% 指定截距是 0

> summary(lm. sol)

输出结果如下：

Call：

lm(formula = Box ~ 0 + Cost,data = Boxoffice)

Residuals：

Min	1Q	Median	3Q	Max
– 8.502 5	– 2.021 2	– 0.648 1	2.630 8	12.915 0

Coefficients：

	Estimate	Std. Error	t value	Pr(>| t |)
Cost	6.995	0.652	10.73	1.31e – 12 * * *

– – –

Signif. codes：　0 ‘ * * * ’ 0.001 ‘ * * ’ 0.01 ‘ * ’ 0.05 ‘ . ’ 0.1 ‘ ’ 1

Residual standard error：4.458 on 35 degrees of freedom

Multiple R – squared：0.766 8,　　　Adjusted R – squared：0.760 1

F – statistic：115.1 on 1 and 35 DF,　p – value：1.306e – 12

根据输出结果,不含有截距项的预测模型为

$$票房(估计值) = 6.995 \times 成本 \qquad (7.6)$$

与模型(7.4) 相比,该模型的解释能力有所提高,决定系数由原来的 0.621 提升至

0.766 8;其次,模型的标准误差由原来的 4.52 下降至 4.458。总体来说,模型(7.6)要好于原来的预测模型。因此,可选择模型(7.6)作为最后的预测方程。

7.1.4 预测

用于预测的 R 函数是 predict( )。使用格式为

predict(lm. sol,newdata = data. frame,interval = "prediction",level = 0. 95)

其中,lm. sol 是 lm( ) 函数执行的结果文件;newdata 是需要预测的自变量数据,并由数据框形式输入;interval = "prediction" 表示预测估计值的置信区间;level = 0. 95 指明置信水平是 0. 95。函数的返回值是预测值和预测值的置信区间。

下面预测电影《芳华》的票房。该影片于 2017 年 12 月上映,已知其成本为 1. 3 亿元,实际票房是 14. 224 15 亿元。实现该电影预测的 R 语句为

> lm. sol < - lm(Box ~ 0 + Cost,data = Boxoffice)　　% 指定截距是 0
> summary(lm. sol)
> new < - data. frame(Cost = c(1.3))　　　　% 成本是 1. 3 亿元的新数据
> lm. pred < - predict(lm. sol,new,interval = "prediction",level = 0. 95)　% 输出预测值以及 95% 的置信区间
> lm. pred

输出结果如下:

	fit	lwr	upr
1	9. 093 492	– 0. 119 57	18. 306 55

根据回归模型(7.6),电影《芳华》票房的预测值为 9. 093 492 亿元,其 95% 置信区间为 [– 0. 119 57,18. 306 55],实际票房在置信区间内,预测误差为 0. 360 7。因此,模型(7.6)有一定的借鉴价值。

7.2　偏相关系数与多元回归模型

7.2.1 多元回归分析的基本原理

根据决定系数的含义,模型(7.6)只能解释票房 76.68% 的信息。由此可以看出,只有成本一个解释变量是不够的,还需要进一步考察影响电影票房的其他重要因素。此时,涉及的自变量或解释变量是多元的。假设有 p 个自变量 $(x_1,x_2,\cdots,x_p)$,多元线性回归模型的表达式为

$$y = \beta_0 + \beta_1 x_1 + \beta_2 x_2 + \cdots + \beta_p x_p + \varepsilon \tag{7.7}$$

其中,$x_1,x_2,\cdots,x_p$ 也称为影响因素;ε 是误差项,它是因变量 y 没有被 $x_1,x_2,\cdots,x_p$ 解释的部分,且服从 $N(0,\sigma^2)$。在模型(7.7)中,由于误差项 $\varepsilon \sim N(0,\sigma^2)$,则 $y \sim N(\beta_0 + \beta_1 x_1 + \beta_2 x_2 + \cdots + \beta_p x_p,\sigma^2)$。建立多元回归模型的任务仍然是根据这些前提假设,并利用样本估计模型中的未知参数 $\beta_0,\beta_1,\cdots,\beta_p$ 和模型总体方差 σ^2,并评估模型的有效性。

如果将 n 个样本 $(y_i,x_{1i},x_{2i},\cdots,x_{pi})$ 代入模型(7.7),则有样本形式的回归模型表达式为

$$y_i = \beta_0 + \beta_1 x_{1i} + \beta_2 x_{2i} + \cdots + \beta_p x_{pi} + \varepsilon_i \quad (i = 1, 2, \cdots, n) \qquad (7.8)$$

其中误差项 $\varepsilon_1, \varepsilon_2, \cdots, \varepsilon_n$ 独立同分布于 $N(0, \sigma^2)$。估计模型参数和评估模型有效性的方法与一元回归几乎是相同的,表 7.2 是对多元回归建模方法的总结。

表 7.2　多元回归方法总结

项目	名称	公式	解释
参数的估计 系数的无偏估计	最小二乘法 (OLS)	$\min \sum\limits_{i=1}^{n} \varepsilon_i^2 = \min \sum\limits_{i=1}^{n} \left(y_i - \beta_0 - \sum\limits_{k=1}^{p} \beta_k x_{ki} \right)^2$ 最优解记为 $\hat{\beta}_0, \hat{\beta}_1, \cdots, \hat{\beta}_p$	回归方程的表达式为 $\hat{y} = \hat{\beta}_0 + \hat{\beta}_1 x_1 + \cdots + \hat{\beta}_p x_p$ 由该方程可进行预测
模型误差 σ^2 的无偏估计	平均残差平方和(MSSE)	$\hat{\sigma}^2 = S_E/(n-p-1)$,其中 $S_E = \sum\limits_{i=1}^{n} \hat{\varepsilon}_i^2 = \sum\limits_{i=1}^{n} \left(\hat{y}_i - \hat{\beta}_0 - \sum\limits_{k=1}^{p} \hat{\beta}_k x_{ki} \right)^2$	反映样本总体偏离回归方程的程度,总体方差越小越好
模型的有效性 一个重要关系式	平方和分解	总平方和分解式:$S_T = S_R + S_E$,其中 $S_T = \sum\limits_{i=1}^{n} (y_i - \bar{y})^2, S_R = \sum\limits_{i=1}^{n} (\hat{y}_i - \bar{y})^2$	因变量的变异程度(方差、信息量)分别由回归平方和与残差平方和所解释
模型的解释能力	决定系数	$R^2 = \dfrac{S_R}{S_T}, \quad adj - R^2 = 1 - \dfrac{n-1}{n-p-1} \dfrac{S_E}{S_T}$	反映自变量能够线性解释因变量的程度,因而决定系数越大越好
模型的显著性	F - 检验	$F = \dfrac{S_R/p}{S_E/(n-p-1)} \sim F(p, n-p-1)$	零假设:所有自变量不能解释因变量,即 $\beta_1 = \beta_2 = \cdots = \beta_p = 0$
系数的显著性	t - 检验	$t = \dfrac{\hat{\beta}_i}{S_{\hat{\beta}_i}} \sim t(n-p-1)$	零假设:第 i 个系数为零,即第 i 个变量没有解释能力

由微分的定义可知,方程

$$\hat{y} = \hat{\beta}_0 + \hat{\beta}_1 x_1 + \hat{\beta}_2 x_2 + \cdots + \hat{\beta}_p x_p$$

回归系数 $\hat{\beta}_k$ 的含义是:当其他影响因素不变(得到控制)时,x_k 增加一个单位,因变量变化 $\hat{\beta}_k$ 个单位。如果 $\hat{\beta}_k > 0$,则因变量增加 $\hat{\beta}_k$ 个单位;如果 $\hat{\beta}_k < 0$,则因变量减少 $\hat{\beta}_k$ 个单位。

7.2.2　预测变量和影响因素的选择与 R 实现

建立多元回归模型的前提是如何选择重要的自变量或影响因素。由于偏相关系数是在控制了其他变量的情况下，因变量与自变量之间的相关性，因此，在一组自变量中选择重要影响因素的方法就是净相关分析。

由第 2 章的表 2.2 可知，票房与成本、百度指数、放映天数、导演年龄和评分的偏相关系数分别是 0.711 6，0.565 8，0.419 2，－ 0.194 6 和 0.170 3，且票房与导演年龄和评分的偏相关系数是不显著的。于是，所建立的多元回归模型为

$$票房 = \beta_0 + \beta_1 \times 成本 + \beta_2 \times 百度指数 + \beta_3 \times 放映天数 + \varepsilon \qquad (7.9)$$

实现多元回归建模的 R 语句为

> attach(Boxoffice)

> lm. sol <－ lm(Box ~ 1 + Cost + Baidu + Days,data = Boxoffice)

> summary(lm. sol)

> detach(Boxoffice)

其输出结果如下：

```
Call：

lm(formula = Box ~ 1 + Cost + Baidu + Days,data = Boxoffice)


Residuals：

Min            1Q            Median          3Q              Max

－ 7.083 6      － 2.115 9      0.044 6        1.297 0          7.448 8


Coefficients：

              Estimate      Std. Error      t value        Pr( >| t |)

(Intercept)   － 3.301e + 00  1.307e + 00    － 2.525        0.016 724 *

Cost          4.379e + 00    8.028e － 01    5.455          5.29e － 06 * * *

Baidu         3.209e － 04    8.396e － 05    3.822          0.000 576 * * *

Days          1.496e － 01    4.579e － 02    3.267          0.002 597 * *

－ － －

Signif. codes： 0 ' * * * ' 0.001 ' * * ' 0.01 ' * ' 0.05 '.' 0.1 ' ' 1


Residual standard error:3. 27 on 32 degrees of freedom

Multiple R － squared： 0.813 3,Adjusted R － squared： 0.795 8

F － statistic:46.45 on 3 and 32 DF,   p － value:9.17e － 12
```

由输出结果可以得到以下几个结论：

（1）多元回归方程可以写成

$$票房(估计值) = － 3.301 + 4.379 \times 成本 + 0.000 329 \times 百度指数 + 0.149 6 \times 放映天数 \qquad (7.10)$$

（2）在 0.05 水平上，回归系数都是显著的；

（3）回归模型的决定系数和调整的决定系数分别是 0.813 3 和 0.795 8，解释能力优于回归方程(7.6)；

（4）总体标准误差为 3.27，明显小于模型（7.6）的 4.458。

总之，增加了百度指数和放映天数以后，模型的解释能力得以增强。

现在利用多元回归模型（7.10）预测电影《芳华》的票房，已知其成本为 1.3 亿元，放映天数为 76 天，电影放映后期的搜索指数是 1 445，实际票房是 14.224 15 亿元。实现该电影预测的 R 语句为

```
> attach(Boxoffice)
> lm.sol <- lm(Box ~ 1 + Cost + Baidu + Days,data = Boxoffice)
> summary(lm.sol)
> new <- data.frame(Cost = c(1.3),Baidu = c(1 445),Days = c(76))
> lm.pred <- predict(lm.sol,new,interval = "prediction",level = 0.95)
> lm.pred
> detach(Boxoffice)
```

输出结果如下：

	fit	lwr	upr
1	14.225 64	6.370 804	22.080 48

根据模型预测《芳华》的电影票房为 14.225 64 亿元，这与实际票房几乎一致，预测误差仅仅是 0.000 105。因此，模型（7.10）的预测能力强于一元回归模型（7.6）。

7.2.3　影响因素的强度

多元回归的目的主要有两个，一是用于预测；二是进行影响因素分析。影响因素分析就是考察有哪些因素真正对因变量有重要影响，并比较这些因素的影响强度。影响力强的因素将是未来营销和管理决策时所关注和考量的重点。对本章案例而言，如果进行影响因素分析，就要考虑成本、百度指数和放映天数中哪个因素对票房的影响力最强、哪个最弱。从偏相关系数来看，影响的强弱依次为成本、百度指数和放映天数。但从模型（7.10）的回归系数来看，影响强弱似乎依次为成本、放映天数和百度指数。这两种判断均有偏颇，主要原因是量纲问题，量纲不同意味着这些指标不可以直接进行比较。一个处理量纲既方便又快捷的方法就是对原来的指标进行标准化处理，即令

$$z = \frac{x - \bar{x}}{s}$$

其中，$\bar{x}$ 是该指标的样本均值；s 是指标的样本标准差。利用标准化后的指标进行多元回归分析，所得到的回归系数是可以直接进行比较的。根据回归系数的含义，其绝对值的大小也就是每个指标的影响强度。

由于标准化指标的均值为 0，因此在利用标准化指标建立多元回归模型时，应该令截距项为 0。实现数据标准化的 R 函数为 scale()，进行影响因素强度分析的 R 语句为

```
> attach(Boxoffice)
> zscale <- scale(Boxoffice)    % 对原始指标进行标准化处理,并形成数据列表
> ZBoxoffice <- data.frame(zscale)    % 将数据列表转换成数据框形式
> lm.sol <- lm(Box ~ 0 + Cost + Baidu + Days,data = ZBoxoffice)    % 利用标准
化数据建立没有截距项的回归方程
> summary(lm.sol)
```

> detach(Boxoffice)

输出结果如下：

```
Call:
lm(formula = Box ~ 0 + Cost + Baidu + Days,data = ZBoxoffice)


Residuals:
Min              1Q             Median          3Q              Max
- 0.978 86       - 0.292 39      0.006 16        0.179 24         1.029 33


Coefficients:
             Estimate        Std. Error      t value         Pr( >| t | )
Cost         0.503 79        0.090 95        5.539           3.75e - 06 * * *
Baidu        0.325 42        0.083 84        3.881           0.000 471 * * *
Days         0.301 95        0.091 01        3.318           0.002 219 * *
- - -
Signif. codes： 0 ' * * * ' 0.001 ' * * ' 0.01 ' * ' 0.05 '.' 0.1 ' ' 1


Residual standard error:0.445 on 33 degrees of freedom
Multiple R - squared： 0.813 3,      Adjusted R - squared： 0.796 3
F - statistic： 47.9 on 3 and 33 DF,   p - value:4.021e - 12
```

由输出结果可以得到以下几个结论：

（1）指标标准化后的多元回归方程可以写成

$$Z(票房)(估计值) = 0.503\ 79Z(成本) +$$
$$0.325\ 42Z(百度指数) + 0.301\ 95Z(放映天数) \tag{7.11}$$

（2）成本、百度指数和放映天数的影响强度依次为 $0.503\ 79$、$0.325\ 42$ 和 $0.301\ 95$。这一排序与偏相关系数的排序一致,但在这里,百度指数和放映天数的重要性几乎相同。在管理决策时,除了成本不可小觑以外,还要通过有效的营销手段引起公众的持续关注,尽量延长放映周期。

7.3　回归诊断方法

样本回归模型(7.8)的误差 $\varepsilon_1,\varepsilon_2,\cdots,\varepsilon_n$ 有如下三个前提假设：

（1）独立性,即 $\varepsilon_1,\varepsilon_2,\cdots,\varepsilon_n$ 相互独立;

（2）等方差性,即 $D(\varepsilon_1) = D(\varepsilon_2) = \cdots = D(\varepsilon_n) = \sigma^2$;

（3）正态性,即 $\varepsilon_1,\varepsilon_2,\cdots,\varepsilon_n$ 服从正态分布。

这三个假设是回归模型显著性检验(F - 检验)和回归系数显著性检验(t - 检验)的理论依据。因此,当得到回归方程以后,需要根据样本残差 $\hat{\varepsilon}_1,\hat{\varepsilon}_2,\cdots,\hat{\varepsilon}_n$ 说明和检验模型是否违背这些前提假设。判别的方法有两种,第一种是图示法;第二种是假设检验方法。

7.3.1 残差图

误差项的独立性意味着 $\varepsilon_1, \varepsilon_2, \cdots, \varepsilon_n$ 的取值 $\hat{\varepsilon}_1, \hat{\varepsilon}_2, \cdots, \hat{\varepsilon}_n$ 互不依赖且没有关系可寻。等方差意味着这些取值在一定的带宽内。此时,横轴为预测值 $\hat{y}$、纵轴为样本残差 $\hat{\varepsilon}$ 的散点图如图 7.4 所示,这种图也称为回归分析的残差图。

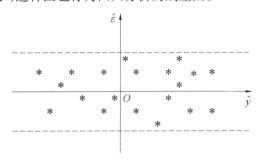

图 7.4 残差图

以下两种残差图都不满足前提假设。残差图 7.5 显示残差的绝对值有越来越大的趋势,属于异方差现象;残差图 7.6 表明最初的线性模型不合适,应该考虑非线性模型或进行曲线回归。

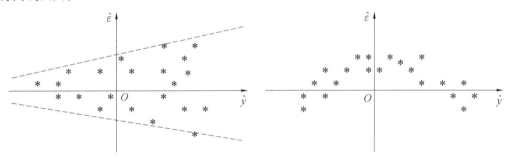

图 7.5 异方差　　　　　图 7.6 非线性回归

利用 R 制作残差图的 R 语句为

```
> attach(Boxoffice)
> lm. sol < - lm(Box ~ 1 + Cost + Baidu + Days,data = Boxoffice)
> summary(lm. sol)
> plot(lm. sol)        % 绘制残差图、Q - Q 图等
> detach(Boxoffice)
```

函数 plot(lm. sol) 执行后的第一张图是残差图(图 7.7)。图中的实线是残差的重心,如果残差是独立同分布的,这条线应是水平的虚线。由图 7.7 可以看出,模型误差有异方差现象。

7.3.2 正态性验证

如果要验证 $\hat{\varepsilon}_1, \hat{\varepsilon}_2, \cdots, \hat{\varepsilon}_n$ 是否是来自正态总体的样本,根据第 2 章正态性的识别方法,首先可以通过正态 Q - Q 图考察误差是否服从正态分布。R 函数 plot(lm. sol) 执行后的第二张图就是正态 Q - Q 图(图 7.8)。

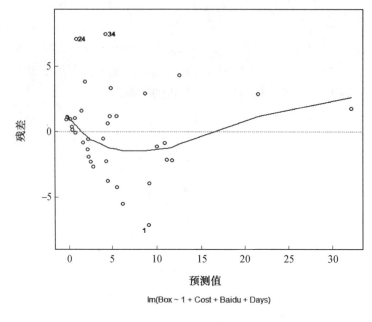

lm(Box ~ 1 + Cost + Baidu + Days)

图 7.7　残差图

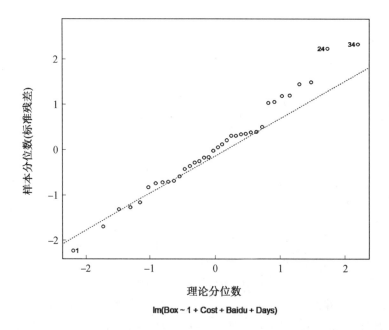

lm(Box ~ 1 + Cost + Baidu + Days)

图 7.8　正态 Q - Q 图

由于正态 Q - Q 图中有几个样本点（特别是 1 号、24 号和 34 号样本）偏离了对角线，因此误差的正态性值得怀疑。为此，从统计意义上需要进一步对误差的正态进行假设检验。

对残差进行 Shaprio - Wilk 正态性检验的语句为

> attach(Boxoffice)

> lm. sol < - lm(Box ~ 1 + Cost + Baidu + Days,data = Boxoffice)

> summary(lm. sol)

> y. res < − resid(lm. sol)　　%　提取回归分析结果中的残差值
> shapiro. test(y. res)　　　　%　对残差进行正态性检验
> detach(Boxoffice)

输出结果如下：

```
Shapiro − Wilk normality test

data：　y. res
W = 0. 982 09,p − value = 0. 813 4
```

由于输出结果中的 P − 值 = 0. 813 4 远远大于 0. 05,因此应该接受零假设,即认为随机误差服从正态分布。所以,个别点的偏离没有影响总体服从正态性的假设。总之,回归诊断结果表明:误差的正态性假设满足,但等方差性略有异常。总体来说,模型(7. 10) 比较有效。

7.4　曲线回归

实际上,除了有关误差项的三个前提假设以外,模型(7.1) 还隐含着关于因变量正态性的假设,即 $y \sim N(\alpha + \beta x, \sigma^2)$。在第 2 章的正态性检验中,发现对数变换后的票房通过了正态性假设检验。因此,可以进一步构建如下回归模型：

$$\ln(y) = \alpha + \beta x + \varepsilon \tag{7.12}$$

此时,原模型为指数函数形式,即

$$y = e^{\alpha + \beta x} = A e^{\beta x}$$

这种需要通过变换才有线性方程,然后通过最小二乘法估计模型参数的方法被称为曲线回归。可以通过函数变换化成线性模型的一些函数见表 7. 3。

表 7.3　曲线回归模型

函数名称	函数表达式	变换方法
多项式函数	$y = \beta_0 + \beta_1 x + \beta_2 x^2 + \cdots + \beta_p x^p$	$X_1 = x, X_2 = x^2, \cdots, X_p = x^p$
指数函数	$y = a e^{\beta x}$	$Y = \ln(y)$
对数函数	$y = \beta_0 + \beta \ln(x)$	$X = \ln(x)$
幂函数	$y = \alpha x^\beta$	$Y = \ln(y), X = \ln(x)$
双曲函数	$y = \dfrac{x}{\alpha + \beta x}$	$Y = \dfrac{1}{y}, X = \dfrac{1}{x}$
S 型生长曲线	$y = \dfrac{1}{\alpha + \beta e^{-x}}$	$Y = \dfrac{1}{y}, X = e^{-x}$
Logistic 函数	$y = \dfrac{1}{1 + e^{-(\alpha + \beta x)}}$	$Y = \ln(\dfrac{y}{1-y}), 0 < y < 1$

下面根据电影票房数据构建曲线回归模型。通过相关分析发现,票房与放映天数有较强的相关性,且仅次于影片的成本。由票房与放映天数的散点图 7.9 可以看出,票房与放映天数具有曲线变化趋势。这种曲线可以用二次函数进行拟合,也可以用指数函数进

行拟合。下面将利用 R 实现这种曲线回归。

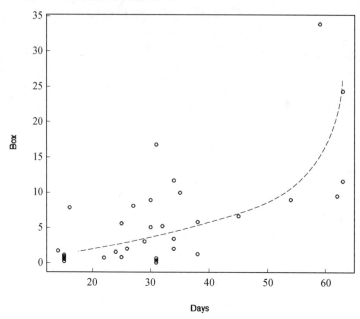

图 7.9　　票房与放映天数的散点图

（1）二次函数　　　　　　　　　　$y = \beta_0 + \beta_1 x + \beta_2 x^2$

所要建立的二次回归模型为

$$票房 = \beta_0 + \beta_1 \times 天数 + \beta_2 \times 天数^2 \qquad (7.13)$$

考虑到电影不放映，也就没有票房，所以令截距项为零。实现建模的 R 语句为

> attach(Boxoffice)

> lm. sol < - lm(Box ~ 0 + Days + I(Days^2) ,data = Boxoffice)　　% 自变量包括了天数的平方

> summary(lm. sol)　　　% 提取回归分析结果

> plot(lm. sol)　　　　% 观察回归诊断结果

> detach(Boxoffice)

输出结果如下(图 7.10) ：

Call：

lm(formula = Box ~ 0 + Days + I(Days^2) ,data = Boxoffice)

Residuals：

Min	1Q	Median	3Q	Max
- 8. 545 5	- 2. 608 4	- 0. 722 9	1. 056 3	17. 450 0

Coefficients：

	Estimate	Std. Error	t value	Pr(>| t |)
Days	0. 019 008	0. 075 363	0. 252	0. 802 39
I(Days^2)	0. 004 403	0. 001 608	2. 738	0. 009 77 * *

- - -

Signif. codes： 0 '＊＊＊' 0.001 '＊＊' 0.01 '＊' 0.05 '.' 0.1 ' ' 1

Residual standard error：5.165 on 34 degrees of freedom

Multiple R－squared： 0.696， 　　　Adjusted R－squared： 0.678 1

F－statistic：38.92 on 2 and 34 DF， 　p－value：1.619e－09

　　由该结果可以看出,放映天数在模型中并不显著,因此,应建立不包含一次项的二次方程。此时,只要将上述程序中的 R 语句

　　> lm.sol ＜－ lm(Box ～ 0 ＋ Days ＋ I(Days^2) ,data ＝ Boxoffice)

换成

　　> lm.sol ＜－ lm(Box ～ 0 ＋ I(Days^2) ,data ＝ Boxoffice)

　　其输出结果如下(图 7.10) :

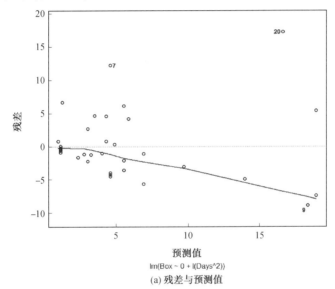

(a) 残差与预测值

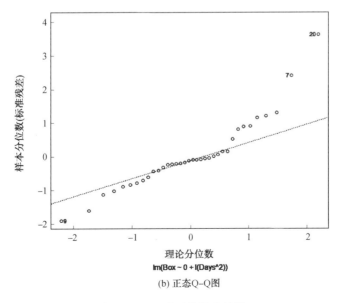

(b) 正态Q-Q图

图 7.10　二次函数输出结果

Call：
lm(formula = Box ~ 0 + I(Days^2),data = Boxoffice)

Residuals：

Min	1Q	Median	3Q	Max
− 8.834 8	− 2.410 5	− 0.523 7	1.259 7	17.242 2

Coefficients：

	Estimate	Std. Error	t value	Pr(>∣ t ∣)
I(Days^2)	0.004 785 3	0.000 535 3	8.939	1.46e − 10 * * *

− − −

Signif. codes： 0 ' * * * ' 0.001 ' * * ' 0.01 ' * ' 0.05 '.' 0.1 ' ' 1

Residual standard error：5.095 on 35 degrees of freedom

Multiple R − squared： 0.695 4,　　　 Adjusted R − squared： 0.686 7

F − statistic：79.91 on 1 and 35 DF,　 p − value：1.464e − 10

回归模型可以写成

$$票房 = 0.004\ 785\ 3 \times 天数^2 \tag{7.14}$$

由输出结果可以看出,模型的解释能力达到了 69.54% ,但从回归诊断结果来看,等方差性和正态性都有一定的偏离。

（2）指数函数　　　　　　　　　$y = ae^{\beta x}$

对方程两端取对数,就可以得到线性回归方程

$$\ln y = \ln a + \beta x = \beta_0 + \beta x$$

实现指数回归建模的 R 语句为

> attach(Boxoffice)

> lm. sol < − lm(log(Box) ~ 1 + Days,data = Boxoffice)　　 % 因变量为 ln(y)

> summary(lm. sol)

> plot(lm. sol)

> detach(Boxoffice)

输出结果如下(图 7.11)：

Call：
lm(formula = log(Box) ~ 1 + Days,data = Boxoffice)

Residuals：

Min	1Q	Median	3Q	Max
− 3.245 8	− 0.539 2	0.019 6	0.693 3	2.067 6

Coefficients：

	Estimate	Std. Error	t value	Pr(>∣ t ∣)
(Intercept)	− 1.007 61	0.429 10	− 2.348	0.0248 *
Days	0.062 93	0.012 67	4.965	1.91e − 05 * * *

− − −

Signif. codes： 0 ' * * * ' 0.001 ' * * ' 0.01 ' * ' 0.05 '.' 0.1 ' ' 1

Residual standard error:1.095 on 34 degrees of freedom

Multiple R – squared：0.420 3,　　　　Adjusted R – squared：0.403 2

F – statistic:24.65 on 1 and 34 DF,　　p – value:1.907e – 05

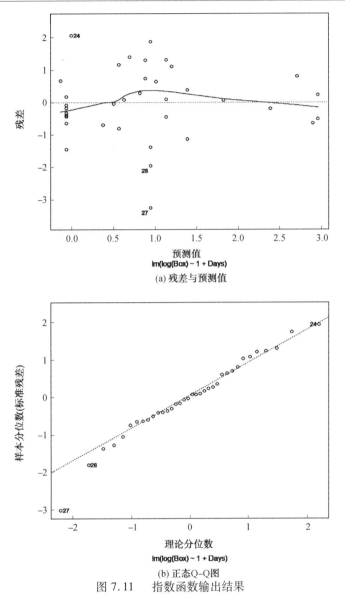

(a) 残差与预测值

(b) 正态Q–Q图

图 7.11　指数函数输出结果

由输出结果可以得到回归方程为

$$\ln(票房) = -1.007\,61 + 0.062\,93 \times 放映天数 \tag{7.15}$$

该模型的解释能力不如模型(7.14),决定系数仅为42.03%,但回归诊断结果优于模型(7.14)。因此,从统计意义上来说,模型(7.15)可能更具有普遍性,而模型(7.14)对现有样本的解释能力较强。

7.5　柯布－道格拉斯生产函数与建模流程

为了说明一般回归分析的建模流程,本节将详细讨论柯布－道格拉斯生产函数的建模方法。生产函数是经济学中的一个重要概念,由于生产函数能够刻画生产过程中的投入与产出之间的数量关系,所以在经济管理领域具有普遍的应用价值。根据经济学定义,生产函数描述生产过程中投入的生产要素同产出的一种依存关系。其一般数学表达式为

$$Y = f(A, K, L, \cdots) \tag{7.16}$$

其中,Y 表示产出量;A、K 和 L 分别表示技术、资本和劳动等投入要素。产出量可以是一个地区的 GDP 或工业增加值,也可以是企业的营业额或净利润等。如果利用生产函数描述农业生产过程,则生产的投入要素还应该包括耕种面积,产出量可以是农业总产值,也可以是一种农作物的总产量。一个经典的生产函数形式是由美国数学家 C. W. Cobb 和经济学家 P. H. Dauglas 在 1928 年利用样本数据检验过的一个指数关系模型,该模型后来在经济管理领域得到了广泛应用。其表达式为

$$Y = AK^{\alpha}L^{\beta} \tag{7.17}$$

这种形式的生产函数通常被称作柯布－道格拉斯生产函数或 C－D 生产函数。其中 A 反映广义技术水平(这里包括纯技术水平以及受到技术影响的其他因素,比如:信息化程度、自动化水平以及智慧程度等),α 和 β 分别是资本和劳动的产出弹性,即当其他要素不变时,该要素增加的百分比与产出增加的百分比的比例。如果 $\alpha > \beta$,则说明增加资本投入生产更有效;如果 $\alpha < \beta$,则应该在未来的生产过程中增加劳动(这种劳动可以是劳动力数量,也可以是劳动报酬或劳动效率,其具体含义与指标的选择有关)。

模型(7.17)中的参数 A、α 和 β 需要利用样本进行估计,构建生产函数可以按照以下步骤进行:

(1)选定模型和模型的线性化。

在模型(7.17)两端取对数,可得

$$\ln(Y) = \ln(A) + \alpha\ln(K) + \beta\ln(L) = \alpha_0 + \alpha\ln(K) + \beta\ln(L)$$

于是,需要构建的统计模型是二元线性回归模型,即

$$\ln(Y) = \alpha_0 + \alpha\ln(K) + \beta\ln(L) + \varepsilon \tag{7.18}$$

在这里,模型对投入的产出弹性 α 和 β 没有任何约束。而在一些情况下,需要加入约束条件 $\alpha + \beta = 1$,此时,规模报酬是不变的,即投入扩大一个倍数,产出会扩大同样的倍数,这是企业发展的一个特殊阶段。一般企业发展过程符合规模报酬递减律,即小企业创业初期,资本积累快速增长,企业处于规模报酬递增阶段($\alpha + \beta > 1$);企业生产规模的扩张带来了更大的收益,于是,资本的逐利性驱使企业继续扩大生产规模,此时企业收益逐渐进入规模不变阶段($\alpha + \beta = 1$);如若企业过分追求市场的主导权和市场占有率,继续扩大企业规模就有可能导致规模报酬递减($\alpha + \beta < 1$)。

如果所考虑的企业或生产单位处于规模报酬不变阶段($\alpha + \beta = 1$),则模型(7.17)可以写成

$$\frac{Y}{L} = A\left(\frac{K}{L}\right)^{\alpha}$$

两端取对数后,可得线性方程

$$\ln\left(\frac{Y}{L}\right) = \ln(A) + \alpha\ln\left(\frac{K}{L}\right) = \alpha_0 + \alpha\ln\left(\frac{K}{L}\right)$$

于是,构建的统计模型是一元回归模型,即

$$\ln\left(\frac{Y}{L}\right) = \alpha_0 + \alpha\ln\left(\frac{K}{L}\right) + \varepsilon \tag{7.19}$$

选择模型(7.18)还是模型(7.19)需要根据具体实际问题和所关注的生产单位而定。由于模型(7.18)没有限制条件,因此,规模报酬情况由估计出的弹性系数之和 $\hat{\alpha} + \hat{\beta}$ 而定。如果 $\hat{\alpha} + \hat{\beta} > 1$,规模报酬递增;如果 $\hat{\alpha} + \hat{\beta} < 1$,则规模报酬递减。此外,还可以通过假设检验方法从统计可靠性的角度验证是否有 $\alpha + \beta = 1$。

(2)确定投入产出指标。

首先,根据研究的问题确定投入和产出指标。如果要构建 2015 年我国工业生产函数,则产出指标可选择为工业增加值;投入指标分别选定为固定资产投资额和就业人数(或劳动报酬)。

(3)数据收集与数据预处理。

相关数据收集主要利用各类统计年鉴(中国统计年鉴、中国工业统计年鉴)、网站统计资料或上市企业年报数据等。在某些情况下,还需要通过网站的一手资料,采用文本挖掘的方法获取相关数据。如果要构建我国 2015 年的工业生产函数,需要查找 2016 年的中国统计年鉴和工业统计年鉴获取各地区(31 个省、自治区、直辖市)的工业增加值、固定资产投资和劳动力或劳动报酬等具体数据。

数据预处理主要包括:缺失值预测和确定量纲。

① 缺失值的预测。由于统计上的困难,某个样本(比如西藏自治区)可能会缺失劳动报酬一项。为了估计这个数值,一是利用均值替代;二是构建回归模型进行预测。比如,如果发现劳动报酬与固定资产之间有一定的函数关系(线性函数、二次或指数函数等),通过其他 30 地区的样本,估计这个函数关系,并利用西藏的固定资产投资预测其劳动报酬。一般情况下,预测值要比平均值更接近实际值。

② 确定量纲。如果工业增加值是以亿元为单位,那么,固定资产投资和劳动报酬也应该是以亿元为单位。当劳动的指示性指标是就业人数时,量纲可以是人、千人、万人等,最好选择数量级与其他两个指标(工业增加值、固定资产投资)相近的量纲。

(4)估计参数并评价模型的有效性。

实现生产函数(7.18)参数估计和模型有效性检验的 R 语句为

```
> attach(Production)        % 绑定名为"Production"的数据框
> lm. sol  < - lm(log(Y)  ~ 1 + log(K) + log(L),data = Production)        % 因变量
为 ln(y),自变量为 ln(K) 和 ln(L)
> summary(lm. sol)        % 输出回归分析结果
> plot(lm. sol)        % 输出回归诊断结果
> detach(Production)        % 解除绑定
```

(5)模型的解读与管理应用。

首先,需要根据输出结果说明回归模型的有效性:

① 回归模型的解释能力和显著性。利用决定系数说明模型的解释能力;根据 F - 检

验结果说明模型的显著性。

②回归诊断结果。利用残差图说明独立性与等方差性是否基本满足；根据 Q – Q 图说明误差的正态性是否基本满足。必要时，可以对残差进行 Shaprio – Wilk 正态性检验。如果偏离度很大，则需要利用广义线性模型或加权最小二乘法对模型进行修正。

③在模型有效且前提假设基本满足的前提下，写出最后的回归方程，并根据 t – 检验结果说明每个系数的显著性。回归方程可以写成

$$\ln(\hat{Y}) = \hat{\alpha}_0 + \hat{\alpha}\ln(K) + \hat{\beta}\ln(L)$$

其次，在管理应用方面可以给出如下分析结果：

①生产的规模效应。如果 $\hat{\alpha} + \hat{\beta} > 1$，我国工业生产的规模报酬递增，此时，扩大工业生产规模是有效的；如果 $\hat{\alpha} + \hat{\beta} < 1$，则我国工业生产的规模报酬递减。此时，增加工业生产规模不仅不能带来可观的经济效益，反而可能会在增加成本的同时，造成生产效率下降、产能过剩等问题。

②投入要素资本和劳动的驱动效应。在规模报酬递增和规模报酬不变的情形下，如果 $\hat{\alpha} \gg \hat{\beta}$，说明资本的产出弹性远远大于劳动的产出弹性，即产出增长主要是由资本驱动的，此时增加固定资产投资比增加劳动投入更有效。当 $\hat{\alpha} \ll \hat{\beta}$ 时，产出增长主要是由劳动驱动的，此时应该倾向于增加劳动人数（当劳动指标是人数时）或增加劳动报酬（当劳动指标是报酬时）。增加劳动人数实质上是增加就业人数，这对保障我国就业水平、消除贫富差距十分有益；而增加劳动报酬意味着提高就业人员的薪资水平，这也是增加劳动者消费能力的根本保证。由于消费取决于一个人的当前收入，因此增加薪酬也能够间接提升我国的整体消费水平，从而可以促进我国的经济发展。

下面将利用第 6 章环境污染数据中的 GDP、固定资产投资和就业人数构建 2015 年我国工业生产函数模型。实现建模的 R 语句为

> pollu < – read. table("F:/pollute. txt", head = TRUE)　　% 读入数据文本文件

> Production < – data. frame(pollu)　　% 转换成数据框数据

> lm. sol < – lm(log(GDP) ~ 1 + log(Invest) + log(Labor), data = Production)　　% 估计生产函数模型

> summary(lm. sol)　　% 输出回归分析结果

> plot(lm. sol)　　% 输出回归诊断结果

输出结果如下（图 7.12）：

```
Call:
lm(formula = log(GDP) ~ 1 + log(Invest) + log(Labor),data = Production)

Residuals:
```

Min	1Q	Median	3Q	Max
– 0. 356 37	– 0. 191 16	– 0. 048 18	0. 054 26	0. 741 29

Coefficients:

	Estimate	Std. Error	t value	Pr(>| t |)
(Intercept)	1. 037 9	0. 658 5	1. 576	0. 126
log(Invest)	0. 549 2	0. 117 8	4. 662	6. 98e – 05 * * *
log(Labor)	0. 533 7	0. 101 6	5. 253	1. 39e – 05 * * *

```
– – –
```

Signif. codes：0 ' * * * ' 0.001 ' * * ' 0.01 ' * ' 0.05 '.' 0.1 ' ' 1

Residual standard error：0.275 3 on 28 degrees of freedom
Multiple R – squared：0.924 2,　　　Adjusted R – squared：0.918 8
F – statistic：170.8 on 2 and 28 DF,　p – value：< 2.2e – 16

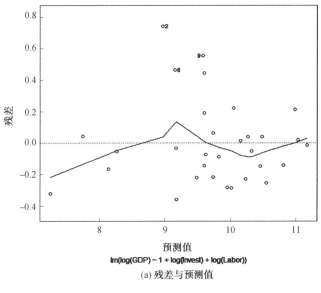

(a) 残差与预测值

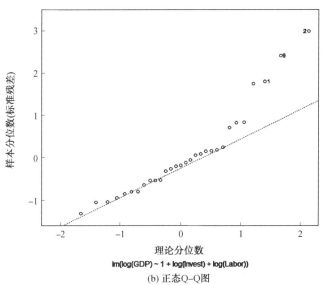

(b) 正态Q–Q图

图 7.12　输出结果

　　从回归模型的解释能力和显著性来看,生产函数模型能够很好地拟合 2015 年我国的
工业生产情况。从回归诊断结果来看,模型的独立等方差性和正态性都有所偏离,主要是
2 号样本(天津市)和 9 号样本(上海市)在残差图和 Q – Q 图中有离群现象。我国 2015 年
的生产函数可以写成

$$\ln(\hat{Y}) = 1.037\ 9 + 0.549\ 2\ln(K) + 0.533\ 7\ln(L) \tag{7.20}$$

　　另外,固定资产投资和劳动的产出弹性分别是 0.549 2 和 0.533 7,规模报酬为
0.549 2 + 0.533 7 = 1.082 9 > 1。因此,可以认为我国 2015 年工业生产处于规模报酬递

增阶段,但有规模报酬不变的趋势。由于固定资产投资的弹性系数略大于劳动的产出弹性,所以扩大先进技术投资和生产流程改造是未来的首选。此外,还应根据技术变革的进展情况配备和引进高端技术人才。

根据生产函数的建模过程,可以梳理出一般回归建模流程,如图 7.13 所示,其中星号★ 是本章学习的内容。

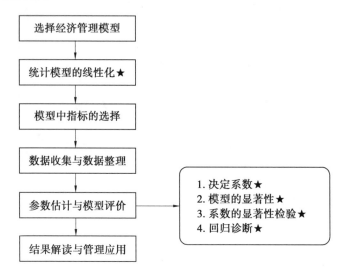

图 7.13　　一般回归建模流程(★ 本章学习内容)

习　　题

1. 回归分析的前提假设是什么? 为什么要有这些前提假设? 如何验证这些前提假设?

2. 利用 R 函数绘制 S 型生长曲线,并举例说明哪些经济现象符合这种曲线的特点。

3. 利用第 5 章快时尚数据构建销售量的预测模型和影响因素分析模型。

4. 收集最近一年我国 31 个省(自治区、直辖市)的工业增加值、固定资产投资和劳动力或劳动报酬等指标,建立我国的工业生产函数,并详细解读其经济管理含义。

5. 探索利用广义线性模型 glm( )建立回归方程的方法。

第8章　多重共线性的处理方法

本章的学习目标：

1. 了解多重共线性对参数估计的影响
2. 掌握识别多重共线性的方法
3. 掌握主成分回归方法
4. 掌握逐步回归分析方法
5. 了解主成分回归与逐步回归的差别
6. 可以利用 R 进行主成分回归和逐步回归

电子商务交易额与基础设施布局(域名数、互联网宽带接入端口)、用户参与度(有电子商务活动交易活动企业数、有电子商务活动企业比重、互联网宽带接入用户、互联网上网人数、移动互联网用户、移动互联网接入流量)、人均收入水平和人均消费能力有关。收集 2016 年我国各地区的相关数据，并考察这些影响因素的显著性和影响强度。数据文件"电子商务交易.xls"见表 8.1。

表 8.1　2016 年我国各地区电子商务交易额及影响因素

地区	电子商务交易额/亿元	域名数/万个	互联网宽带接入端口/万个	有电子商易企业数	有电商活动企业比重	互联网宽带用户/万户	互联网上网人数/万人	移动互联网用户/万户	移动互联网流量/万G	人均收入/万元	人均消费/万元
北京市	12 026.7	645.7	1 784	5 661	18	475.8	1 690	3 594	33 436.1	5.253 04	3.541 57
天津市	3 035	35.4	724.3	1 575	8.4	283.9	999	1 125.4	10 100.3	3.407 45	2.612 93
河北省	2 416.1	74.9	3 841.1	2 473	8.4	1 612	3 956	5 518.3	37 107.8	1.972 54	1.424 75
山西省	680.3	23.9	1 582.9	1 110	8.1	747.2	2 035	2 485.3	16 817.8	1.904 89	1.268 29
内蒙古自治区	1 587.6	10.8	1 200.7	861	7.6	417.2	1 311	2 045.2	12 852.6	2.412 66	1.807 23
辽宁省	2 125.1	59.3	3 239.5	1 453	5.8	971.7	2 741	3 529.8	43 747.6	2.603 97	1.985 28
吉林省	504.7	20.5	1 560.7	807	5.1	440	1 402	2 029.7	35 625.1	1.996 7	1.477 26
黑龙江省	299.3	23.7	1 964.9	618	5.6	575.1	1 835	2 510.9	20 813.3	1.983 85	1.444 58
上海市	16 037.7	263.2	1 595.7	3 979	12.6	635.7	1 791	2 662.3	21 073.5	5.430 53	3.745 83
江苏省	5 351.9	173.2	5 676.8	10 008	9.6	2 685.2	4 513	7 436.9	70 636	3.207 01	2.212 99
浙江省	6 846.8	336.2	4 720.6	12 240	14.9	2 159.7	3 632	6 366.3	63 212.6	3.852 9	2.552 66
安徽省	2 894.7	74.5	2 527.3	5 001	12.7	1 075	2 721	4 179.9	36 624.1	1.999 81	1.471 15

续表8.1

地区	电商交易额/亿元	域名数/万个	互联网宽带接入端口/万个	有电商交易企业数	有电商活动企业比重	互联网宽带用户/万户	互联网上人数/万人	移动互联网用户/万户	移动互联网流量/万G	人均收入/万元	人均消费/万元
福建省	2 399.3	509.5	2 482.3	5 158	12.2	1 144.6	2 678	3 267.5	30 358.9	2.760 79	2.016 75
江西省	2 288.1	38.5	2 055.6	1 637	7.3	822.5	2 035	2 602.8	22 666	2.010 96	1.325 86
山东省	9 890.2	172.1	4 680	8 358	9.9	2 366.5	5 207	7 391.2	39 890	2.468 53	1.592 64
河南省	4 135.3	117.7	4 345.8	4 011	6.8	1 767.2	4 110	6 378.3	43 678.6	1.844 31	1.271 23
湖北省	2 741	102	2 594.7	4 359	11.3	1 131.9	3 009	3 639.9	30 269.7	2.178 66	1.588 87
湖南省	2 227.5	137.2	2 395.3	3 603	10.9	1 066.9	3 013	4 350.7	30 151.1	2.111 48	1.575 05
广东省	17 595.1	556.6	6 515.6	11 542	11.6	2 779.4	8 024	11 518.4	126 199.4	3.029 58	2.344 84
广西壮族自治区	970.9	51.2	2 094.9	1 660	11	790	2 213	3 163.9	21 703	1.830 51	1.229 52
海南省	526	14.7	522.9	521	18.4	186.5	470	816.6	7 543.9	2.065 34	1.427 54
重庆市	3 210.2	52.8	1 643.6	2 716	11.6	704.7	1 556	2 556	21 221.4	2.203 41	1.638 48
四川省	2 381.2	138.1	3 709.6	5 120	13.9	1 851.2	3 575	6 358.4	36 177.6	1.880 83	1.483 85
贵州省	1 518.7	18.8	1 113.9	1 767	12.4	459.5	1 524	2 528.7	20 948.9	1.512 11	1.193 16
云南省	1 249.7	27.5	1 674.4	1 996	13.2	655.3	1 892	3 302.1	36 457	1.671 99	1.176 88
西藏自治区	73.1	1	107.2	109	17.5	40.2	149	176.2	1 149.2	1.363 92	0.931 87
陕西省	1 047.5	43.1	2 083.1	2 300	12.2	803	1 989	3 384.8	30 607.4	1.887 37	1.394 3
甘肃省	325	11.1	946	886	10.5	392.9	1 101	1 804.9	12 391.1	1.467 03	1.225 42
青海省	441.7	4.6	262.2	233	10.8	99.7	320	434.6	5 023	1.730 18	1.477 47
宁夏回族自治区	169.2	4.3	307.1	371	11.2	111.9	339	602.1	7 130	1.883 23	1.496 54
新疆维吾尔自治区	326.2	13.4	1 323.9	628	6.2	468.4	1 296	1 633.6	12 148.5	1.835 47	1.406 65

8.1　多重共线性问题

多元回归模型

$$y = \beta_0 + \beta_1 x_1 + \beta_2 x_2 + \cdots + \beta_p x_p + \varepsilon \tag{8.1}$$

中含有多个自变量 $x_1, x_2, \cdots, x_p$，当自变量之间存在多重共线性（Multicollinearity），即某

个自变量可能是其他若干个自变量的一个线性组合时,比如

$$x_1 \approx a_2 x_2 + a_3 x_3 + a_p x_p$$

由最小二乘法估计的参数 $\hat{\beta}_i$ 的标准差可能会非常大,即与其他系数的标准差相比,$S_{\hat{\beta}_i} = \sqrt{D(\hat{\beta}_i)}$ 是一个数量级较大的值。这也意味着 $\hat{\beta}_i$ 有可能远远偏离其真值。下面将利用随机模拟数据重新估计二元回归方程

$$y = 1.2 + 2x_1 + 3x_2 + \varepsilon \tag{8.2}$$

由此考察在 x_1 与 x_2 相关性很高,且误差项 ε 服从 $N(0,1)$ 的情况下,最小二乘估计 $\hat{\beta}_1$ 和 $\hat{\beta}_2$ 偏离期望值 $\beta_1 = 2$ 和 $\beta_2 = 3$ 的程度。随机模拟过程如下:

(1) 为两个自变量 x_1 与 x_2 取 25 对数值,使其相关系数高达 0.999 7;

(2) 利用 R 函数 rnorm(25,0,1) 从标准正态总体 $N(0,1)$ 中随机抽取 25 个随机数作为误差值;

(3) 按照关系式

$$y_i = 1.2 + 2x_{1i} + 3x_{2i} + \varepsilon_i$$

计算因变量的值。

所生成的 25 个样本见表 8.2。

表 8.2 随机模拟数据表

样本号	x_1	x_2	ε_i	y	样本号	x_1	x_2	ε_i	y
1	2.3	5.1	-0.228 92	20.871 08	14	6.6	13.4	0.229 859	54.829 86
2	3.5	7.5	-0.340 74	30.359 26	15	4.7	9.6	0.401 476	39.801 48
3	5.3	11.1	-1.196 78	43.903 22	16	7.8	15.8	1.088 083	65.288 08
4	4.9	10.3	-0.515 57	41.384 43	17	8.8	17.7	-0.307 76	71.592 24
5	5.9	12.3	-1.661 46	48.238 54	18	8.9	17.9	1.344 906	74.044 91
6	7.7	15.8	0.145 978	64.145 98	19	4.6	9.5	-1.274 06	37.625 94
7	6.4	13.2	-0.553 33	53.046 67	20	2.5	5.3	0.160 298	22.260 30
8	3.1	6.6	-0.472 95	26.727 05	21	1.5	3.3	-0.245 05	13.854 95
9	6.9	14.2	-1.754 83	55.845 17	22	2.1	4.5	0.571 164	19.471 16
10	8.6	17.6	0.058 593	71.258 59	23	3.5	7.3	-0.675 62	29.424 38
11	1.9	4.3	-0.176 98	17.723 02	24	8.7	17.7	0.968 175	72.668 18
12	2.8	6.1	-0.734 47	24.365 53	25	1.8	3.9	-0.756 7	15.743 30
13	5.6	11.4	2.156 194	48.756 19		自变量的相关性系数			0.999 7

实现回归分析的 R 语句如下:

```
Multi. linear < - data. frame(
    x1 = c(2.3,3.5,5.3,4.9,5.9,7.7,6.4,3.1,6.9,8.6,1.9,2.8,5.6,6.6,4.7,7.8, 8.8,
8.9,4.6,2.5,1.5,2.1,3.5,8.7,1.8),
    x2 = c(5.1,7.5,11.1,10.3,12.3,15.8,13.2,6.6,14.2,17.6,4.3,6.1,11.4,13.4,9.6,
15.8,17.7,17.9,9.5,5.3,3.3,4.5,7.3,17.7,3.9),
    y = c(20.87108,30.35926,43.90322,41.38443,48.23854,64.14598,53.04667,26.72705,55.84517,
71.25859,17.72302,24.36553,48.75619,54.82986,39.80148,65.28808,71.59224,74.04491,37.62594,
```

22. 2603,13. 85495,19. 47116,29. 42438,72. 66818,15. 7433))

    > attach(Multi. linear)

    > lm. sol < − lm(y ~ 1 + x1 + x2,data = Multi. linear)

    > summary(lm. sol)

    > detach(Multi. linear)

    输出结果如下:

Call:

lm(formula = y ~ 1 + x1 + x2,data = Multi. linear)

Residuals:

Min	1Q	Median	3Q	Max
− 1. 404 81	− 0. 421 85	0. 075 81	0. 484 68	1. 720 03

Coefficients:

	Estimate	Std. Error	t value	Pr(>| t |)
(Intercept)	2. 361 5	0. 694 4	3. 401	0. 002 566 * *
x1	10. 059 8	2. 639 6	3. 811	0. 000 955 * * *
x2	− 1. 022 8	1. 332 8	− 0. 767	0. 451 000

− − −

Signif. codes: 0 ' * * * ' 0. 001 ' * * ' 0. 01 ' * ' 0. 05 '.' 0. 1 ' ' 1

Residual standard error:0. 778 9 on 22 degrees of freedom

Multiple R − squared: 0. 998 6,   Adjusted R − squared: 0. 998 5

F − statistic: 7 874 on 2 and 22 DF, p − value: < 2. 2e − 16

    由输出结果可以看出,模型的决定系数为 0. 998 6,其解释能力极强。除了 x_2 的系数不显著以外,x_1 和截距项(常数项)都是显著的。于是,回归方程可以写成

$$\hat{y} = 2. 361\ 6 + 10. 059\ 8x_1 − 1. 022\ 8x_2$$

除了常数项与原值比较接近以外,其他两个系数与期望值差距很大,特别是 x_1 的系数 10. 059 8 是期望值的 5 倍。考察系数估计的标准差(Std. Error)可以发现,$\hat{\beta}_1$ 的标准差为 2. 639 6,比其他两个标准差都大,导致 $\hat{\beta}_1$ 严重偏离了实际值。因此,在进行多元回归分析时,有必要进行多重共线性诊断,进而判断自变量之间是否有多重共线性。如果存在多重共线性,接下来还应考虑采用什么方法克服多重共线性,并重新估计模型中的参数。克服多重共线性的统计建模方法有很多,本章仅介绍主成分回归和逐步回归分析。

8.2　多重共线性的诊断

    在进行多元回归分析时,除了要进行回归诊断以外,还要进行多重共线性诊断。最简

单的诊断方法就是相关性分析。首先,计算自变量 $x_1,x_2,\cdots,x_p$ 两两间的相关系数,如果有相关系数很大的情况(相关系数大于 0.9),则可能存在多重共线性。其次,计算偏相关系数,如果偏相关系数很大(大于 0.9),则存在多重共线性。比如,生产函数模型(7.20)中自变量 $\ln(K)$ 与 $\ln(L)$ 的相关系数是 $0.856\,1 < 0.9$,由此可以判断模型的多重共线性不是很强。

另一种常用的多重共线性诊断方法是方差膨胀系数法(Variance Inflation Factor, VIF)。VIF 是回归系数方差的一个因子,它反映了回归系数 $\hat{\beta}_i$ 能膨胀到与因变量无关的程度,如果 VIF > 10,则说明存在多重共线性。实质上,方差膨胀系数考察的是每个自变量 x_i 能够被其余自变量 $x_1,x_2,\cdots,x_{i-1},x_{i+1},\cdots,x_p$ 解释或替代的程度,因此 VIF 与决定系数有关。

为了获取自变量 x_i 被其余自变量 $x_1,x_2,\cdots,x_{i-1},x_{i+1},\cdots,x_p$ 解释的程度或决定系数,首先利用自变量的样本建立如下回归模型:

$$x_i = \alpha_0 + \alpha_1 x_1 + \alpha_2 x_2 + \cdots + \alpha_{i-1} x_{i-1} + \alpha_{i+1} x_{i+1} + \cdots + \alpha_p x_p \tag{8.3}$$

如果回归模型(8.3)的决定系数为 $R_i^2(i=1,2,\cdots,p)$,则自变量 x_i 的方差膨胀系数就定义为

$$\mathrm{VIF}_i = \frac{1}{1 - R_i^2} \tag{8.4}$$

$\mathrm{VIF}_i > 10$ 也就意味着 $R_i^2 > 0.9$,即 x_i 能够被其余自变量 $x_1,x_2,\cdots,x_{i-1},x_{i+1},\cdots,x_p$ 解释的程度达到 90% 以上,此时可以初步断定自变量之间存在多重共线性。

利用 R 实现方差膨胀系数计算的第一种方法就是构建自变量与其余自变量 $x_1,x_2,\cdots,x_{i-1},x_{i+1},\cdots,x_p$ 的回归模型,并由模型的决定系数和式(8.4)计算方差膨胀系数。

现在考察电影票房模型(8.5)的多重共线性。

$$票房 = \beta_0 + \beta_1 \times 成本 + \beta_2 \times 百度指数 + \beta_3 \times 放映天数 + \varepsilon \tag{8.5}$$

为此,要分别建立成本与百度指数和放映天数、百度指数与成本和放映天数、放映天数与成本和百度指数的回归方程。实现该模型多重共线性诊断的 R 语句为

```
> attach(Boxoffice)
> lm.sol1 < - lm(Cost ~ 1 + Baidu + Days,data = Boxoffice)   % 建立成本与百度
指数和放映天数的回归模型
> summary(lm.sol1)
> lm.sol2 < - lm(Baidu ~ 1 + Cost + Days,data = Boxoffice)   % 建立百度指数与
成本和放映天数的回归模型
> summary(lm.sol2)
> lm.sol3 < - lm(Days ~ 1 + Cost + Baidu,data = Boxoffice)   % 建立放映天数与
成本和百度指数的回归模型
> summary(lm.sol3)
> detach(Boxoffice)
```

输出结果整理后见表 8.3。表 8.3 最后一列还给出了对应的偏相关系数。由于决定系数均小于 0.9,即 VIF 小于 10,因此模型(8.5)的自变量间不存在多重共线性。另外,偏相关系数也可以说明模型(8.5)多重共线性较弱。

表 8.3　自变量的多重共线性诊断

自变量之间的线性关系式	决定系数	VIF	偏相关系数
Cost ~ 1 + Baidu + Days	0.315 9	1.461 8	$r_{\mathrm{Cost,Baidu(Days)}} = 0.443\ 6, r_{\mathrm{Cost,Days(Baidu)}} = 0.231\ 5$
Baidu ~ 1 + Cost + Days	0.195 0	1.242 2	$r_{\mathrm{Baidu,Cost(Days)}} = 0.231\ 5, r_{\mathrm{Baidu,Days(Cost)}} = 0.234\ 4$
Days ~ 1 + Cost + Baidu	0.316 9	1.463 9	$r_{\mathrm{Days,Baidu(Cost)}} = 0.443\ 6, r_{\mathrm{Days,Cost(Baidu)}} = 0.234\ 4$

实现多重共线性诊断的第二种方法是利用 car 程序包中的 vif( ) 函数。实现电影票房建模与多重共线性诊断的 R 语句为

```
> install. packages("car")      % 下载 car 包
> attach(Boxoffice)
> lm. sol < - lm(Box ~ 1 + Cost + Baidu + Days, data = Boxoffice)
> summary(lm. sol)
> library(car)                  % 从库中提取 car 程序包
> vif(lm. sol)                  % 计算自变量的方差膨胀系数
> detach(Boxoffice)
```

8.3　主成分回归

多重共线性是自变量之间存在线性关系造成的,而主成分分析的目的之一就是消除变量间的共线性。因此,当诊断出多元回归模型存在多重共线性时,可以采用"先针对自变量进行主成分分析、后针对因变量与主成分进行回归分析"的主成分回归方法。

如果利用表 8.2 中的随机模拟数据进行主成分回归,可以按照如下三个步骤完成建模流程:

(1) 对自变量进行主成分分析。实现主成分分析的 R 语句为

```
> attach(Multi. linear)
> result. pr < - princomp( ~x1 + x2, data = Multi. linear, cor = TRUE)    % 对自变量
x1 和 x2 进行主成分分析
> summary(result. pr, loadings = TRUE)
```

输出结果如下:

Importance of components:		
	Comp. 1	Comp. 2
Standard deviation	1. 414 109 5	0. 017 152 971 8
Proportion of Variance	0. 999 852 9	0. 000 147 112 2
Cumulative Proportion	0. 999 852 9	1. 000 000 000 0
Loadings:		
	Comp. 1	Comp. 2
x1	0. 707	− 0. 707
x2	0. 707	0. 707

由输出结果可知：

由于第一主成分的贡献率达到了 99.98% ,所以保留第一主成分即可。

根据载荷系数可以写出第一主成分的表达式为

$$y_1 = 0.707Zx_1 + 0.707Zx_2 \tag{8.6}$$

（2）估计因变量与主成分的回归模型。实现回归分析的 R 语句为

> scores < - predict (result. pr)   % 提取主成分得分

> lm. sol < - lm(y ~ 1 + scores[,1],data = Multi. linear)   % 估计因变量与第一主成分的回归方程

> summary(lm. sol)

输出结果如下：

Call：

lm(formula = y ~ 1 + scores[,1],data = Multi. linear)

Residuals：

Min	1Q	Median	3Q	Max
− 1.685 75	− 0.447 33	0.076 54	0.438 67	2.126 93

Coefficients：

	Estimate	Std. Error	t value	Pr(>| t |)
(Intercept)	42.529 2	0.169 5	250.9	< 2e − 16 * * *
scores[,1]	13.822 6	0.119 9	115.3	< 2e − 16 * * *

− − −

Signif. codes： 0 ' * * * ' 0.001 ' * * ' 0.01 ' * ' 0.05 '.' 0.1 ' ' 1

Residual standard error：0.847 7 on 23 degrees of freedom

Multiple R − squared： 0.998 3,   Adjusted R − squared： 0.998 2

F − statistic：1.329e + 04 on 1 and 23 DF,   p − value： < 2.2e − 16

由输出结果可以看出：

模型的决定系数是 0.998 3,模型有极强的解释能力,且回归系数都是显著的。

写出回归方程,并将主成分表达式(8.6) 代入,得

$$y = 42.539 2 + 13.822 6y_1 = 42.539 2 + 9.773(Zx_1 + Zx_2) \tag{8.7}$$

（3）写出 y 关于 x_1 和 x_2 的回归方程。此时需要计算自变量的均值与标准差。实现样本均值与标准差计算的 R 语句是

> apply(Multi. linear,2,mean)   % 对求每一列样本的均值

> apply(Multi. linear,2,sd)   % 对求每一列样本的标准差

> detach(Multi. linear)

输出结果如下：

	x1	x2	y
mean	5.056 0	10.456 0	42.529 2
sd	2.483 3	4.918 0	19.966 9

于是,回归方程(8.7)可以进一步写成

$$y = 42.539\ 2 + 9.773(Zx_1 + Zx_2) = 42.539\ 2 + 9.773\left(\frac{x_1 - 5.056}{2.483\ 3} + \frac{x_2 - 10.456}{4.918}\right)$$

$$= 1.863\ 3 + 3.935\ 5x_1 + 1.987\ 2x_2 \tag{8.8}$$

由此可见,利用主成分回归所获得的模型(8.8)比最小二乘估计结果更接近真模型(8.2)。因此,在模型存在多重共线性的情况下,采用主成分回归相对有效(与最小二乘法相比)。

8.4　逐步回归分析

另一种消除多重共线性的统计建模方法是逐步回归法(Stepwise Method)。实际上,影响电子商务交易量的因素很多,如果忽略了重要的、有显著影响的变量,回归模型将会产生严重偏离,从而失去建模的意义。如果影响因素选择过多,一是容易产生多重共线性,从而使参数估计不可靠;二是当模型含有不重要的影响变量时,残差平方和(S_E)自由度($n - p - 1$)的减少使模型方差的估计$\hat{\sigma}^2$变大,进而影响模型的预测能力。因此,从一组变量中选择重要的影响因素以建立一个"最优"的回归模型十分重要。

逐步回归的目的就是从可供选择的所有变量中选择对因变量有显著影响且不具有多重共线性的变量建立"较优"的回归模型。进行逐步回归首先要明确变量选择准则;其次是确定逐步搜索变量的方法。

8.4.1　自变量选择准则

如果从数据拟合的角度出发,自变量选择准则应该是残差平方和S_E越小越好。但是,当增加自变量时,不论该自变量是否有解释能力,残差平方和都会减少,且全变量模型的残差平方和应该是最小的。因此,由"残差平方和越小越好"达不到变量选择的目标需要对残差平方和S_E进行必要的修正。

在多元回归中,回归模型的总体方差σ^2能够从统计的角度衡量随机样本偏离回归方程的程度,其无偏估计为

$$\hat{\sigma}^2 = \frac{S_E}{n - p - 1} \tag{8.9}$$

当自变量个数p增大时,尽管S_E变小,但被同样减少的自由度($n - p - 1$)稀释后,$\hat{\sigma}^2$可能变化不大或增大,这样会使模型的整体预测能力下降,增加变量不但没有得到好处,反而惩罚了自变量过多的模型。因此,一个选择自变量的准则就是"总体方差估计$\hat{\sigma}^2$越小越好"。

另一个应用较多的自变量选择准则是 AIC 信息统计量(Akaike Information Criterion,赤池信息准则)。AIC 信息统计量的表达式为

$$\text{AIC} = n\ln S_E + 2p \tag{8.10}$$

　　AIC 准则就是"AIC 信息统计量越小越好"。由式(8.10)可以看出,只有残差平方和 S_E 比较小且自变量个数 p 比较少,AIC 信息统计量才可能变小。因此,AIC 信息统计量也是通过惩罚自变量过多的模型而达到选择变量的目的。

　　在实现逐步回归的过程中,许多统计软件都采用 AIC 信息统计量或改进的 AIC 统计量选择自变量,而在自主选择变量时,也常常会利用"总体方差估计量"准则。

8.4.2　逐步搜索变量的方法

　　当自变量很多时,进行所有可能自变量子集的回归,并从中选择 AIC 信息统计量最小的"最优"模型是一个计算量很大的工作。另外,在 AIC 准则下,"最优"模型中的某些自变量还有可能不显著。为了简化搜索过程,通常采用逐步搜索的方法,即每一步只引进或删除一个自变量,并基于 AIC 准则得到的一个"较优"的回归模型。根据搜索路径方式的不同,该方法有三种类型:向前法(Forward)、向后法(Backward)和逐步法(Stepwise)。

　　1. 向前法

　　向前法是每次在模型中增加一个对因变量影响最显著的自变量,直到再增加变量不会使 AIC 信息统计量减少为止。假设影响因变量 y 的自变量是 x_1, x_2, x_3, x_4, x_5,向前法的建模流程见表 8.4。

表 8.4　向前法的建模流程(★ 是最终模型)

建模步骤	关系式	选择依据 —— 相关性	AIC
第一步	$y = \beta_0 + \beta_4 x_4$	y 与 x_4 的相关系数最大	
第二步	$y = \beta_0 + \beta_4 x_4 + \beta_1 x_1$	y 与 x_1 的偏相关系数最大	AIC 减少最多
★ 第三步	$y = \beta_0 + \beta_4 x_4 + \beta_1 x_1 + \beta_2 x_2$	y 与 x_2 的偏相关系数最大	AIC 减少最多或不变
停止步	$y = \beta_0 + \beta_4 x_4 + \beta_1 x_1 + \beta_2 x_2 + \beta_5 x_5$	y 与 x_5 的偏相关系数最大	AIC 递增

　　这个方法的缺陷是:如果自变量之间存在多重共线性,后续变量的加入可能使已经进入模型的自变量变得不重要,由此得到的回归模型可能包含影响强度较弱的自变量。

　　2. 向后法

　　与向前法正好相反,向后法是从全模型开始,然后逐个删除使 AIC 信息统计量下降最多的变量。向后法的建模流程见表 8.5。向后法仍不能保证自变量之间不存在多重共线性。

表 8.5　向后法的建模流程(★ 是最终模型)

建模步骤	关系式	剔除依据 —— 显著性	AIC
第一步	$y = \beta_0 + \beta_1 x_1 + \beta_2 x_2 + \beta_4 x_4 + \beta_5 x_5$	x_3 的显著性最差(P – 值最大)	AIC 下降最多
第二步	$y = \beta_0 + \beta_1 x_1 + \beta_2 x_2 + \beta_4 x_4$	x_5 回归系的显著性最差	AIC 下降最多
★ 第三步	$y = \beta_0 + \beta_1 x_1 + \beta_2 x_2$	x_4 回归系数的显著性最差	AIC 下降最多或不变
停止步	$y = \beta_0 + \beta_2 x_2$	x_1 回归系数的显著性较差	AIC 递增

　　3. 逐步法

　　逐步法有两种,一种是先向前再向后(向前向后法);另一种是先向后再向前(向后向前法)。先向前再向后本质上是向前法,但在添加变量以后,又增加了向后法的步骤;先向后再向前本质上是向后法,但在删除变量以后,又增加了向前法的步骤。由于向前法加入新变量后,模型中原有变量的影响强度有可能减弱,因此在逐步法中,当增加了对因变量影响显著的自变量后,再进一步考察是否有需要剔除的变量。逐步向前向后法的建模流程见表 8.6,逐步向后向前法类似。

表 8.6　逐步向前向后法的建模流程(★ 是最终模型)

建模步骤	关系式	选择依据 —— 相关性	剔除依据 —— 显著性	AIC
第一步	$y = \beta_0 + \beta_4 x_4$	y 与 x_4 的相关系数最大		
第二步	$y = \beta_0 + \beta_4 x_4 + \beta_1 x_1$	y 与 x_1 的偏相关系数最大		AIC 减少最多
第三步	$y = \beta_0 + \beta_1 x_1$		x_4 的显著性最差	
★ 第四步	$y = \beta_0 + \beta_1 x_1 + \beta_2 x_2$	y 与 x_2 的偏相关系数较大		AIC 减少或不变
停止步	$y = \beta_0 + \beta_2 x_2$		x_1 的显著性最差	AIC 递增

与所有子集的回归相比,由逐步法所得到的模型在 AIC 准则下不一定是"最优"的,但在一般情况下,逐步法所选择的自变量对因变量都有显著的影响,但不能保证自变量之间没有多重共线性。

8.4.3　逐步回归分析的 R 实现

R 语言中用于逐步回归分析的函数是 step( ),其使用格式为

step(lm. sol,scope,direction = c("both","backward","forward"))

其中,lm. sol 是最初回归模型的输出结果(最初模型可能是包括所有自变量的全模型,也可能是一元回归模型);scope 是逐步搜索的自变量范围,如果 scope 缺省,则在最初回归模型的自变量中进行搜索;direction 是确定逐步搜索的方向。当 direction = "forward" 时,采用向前法;当 direction = "backward" 时,则采用向后法;当 direction = "both" 时,则采用逐步法(向后向前法或向前向后法)进行回归。

现利用电影票房数据文件所提供的票房(Box)全部影响因素 —— 豆瓣评分(Score)、成本(Cost)、上映天数(Days)、导演年龄(Age)及百度指数(Baidu)进行逐步回归。

首先构建全模型,并查看模型的有效性。实现的 R 语句为

Boxoffice < – data. frame(Box = c(1.99,0.649,24.38,5.1,3.04,1.73,16.82,11.59, 9.56,9.02,0.22,0.496,0.61,0.68,0.729,0.87,0.787,0.787,0.634,33.9,10,8.89, 8.13,7.9,5.65,1.29,0.1,0.366,1.12,5.85,3.434,6.66,1.6,11.67,2.04,5.22),

Score = c(5.7,4.9,6.8,7.5,7.8,4,7.6,6.1,8.2,8,8,4.5,5.6,4.7,5.2,8,6.8,7.5, 4.5,6.9,4.8,5.6,5.5,6.5,6.6,6.3,7.7,6.1,3.8,5.4,8.4,5.2,5.5,7,5.4,4.4),

Cost = c(1.5,1,3.5,0.43,0.017,0.4,2.5,0.5,1.3,0.6,0.5,0.3,0.3,0.3,1,0.15, 0.7,0.25,0.16,3,2,2,0.8,0.35,0.3,0.7,0.2,0.2,0.25,0.4,0.3,0.3,0.4,0.35,0.8, 0.7),

Days = c(34,31,63,30,29,14,31,63,62,54,15,15,15,15,22,15,15,25,15,59,35, 30,27,16,25,38,31,31,15,38,34,45,24,34,26,32),

Age = c(70,54,53,33,48,39,44,34,41,48,46,34,34,36,45,77,43,52,40,54,56, 57,53,46,36,33,51,39,62,53,54,41,57,39,48,33),

Baidu = c(2241,1272,167,4306,1016,403,699,1068,108,11598,4214,236,1330, 131,269,482,384,183,124,41933,530,178,1709,542,156,143,1616,121,334,1616, 2647,2248,330,2813,526,14252))

```
> attach(Boxoffice)
> lm. sol < - lm(Box ~ 1 + Score + Cost + Days + Age + Baidu,data =
Boxoffice)    % 全模型回归
> summary(lm. sol)    % 查看回归结果
```

输出结果如下：

Call：

lm(formula = Box ~ 1 + Score + Cost + Days + Age + Baidu,data = Boxoffice)

Residuals：

Min	1Q	Median	3Q	Max
- 5. 653 0	- 2. 161 0	- 0. 077 7	2. 082 1	6. 870 8

Coefficients：

	Estimate	Std. Error	t value	Pr(>| t |)
(Intercept)	- 2. 672e + 00	3. 486e + 00	- 0. 766	0. 449 399
Score	4. 294e - 01	4. 537e - 01	0. 946	0. 351 541
Cost	4. 755e + 00	8. 571e - 01	5. 547	4. 97e - 06 * * *
Days	1. 259e - 01	4. 979e - 02	2. 529	0. 016 931 *
Age	- 6. 079e - 02	5. 596e - 02	- 1. 086	0. 285 951
Baidu	3. 170e - 04	8. 434e - 05	3. 758	0. 000 739 * * *

- - -

Signif. codes： 0 ' * * * ' 0.001 ' * * ' 0.01 ' * ' 0.05 '.' 0.1 ' ' 1

Residual standard error：3. 283 on 30 degrees of freedom

Multiple R - squared： 0. 823 6,　　Adjusted R - squared： 0. 794 2

F - statistic：28. 01 on 5 and 30 DF,　p - value：1. 876e - 10

由输出结果可以看出，模型的决定系数达到0.823 6，因此模型的解释能力很强，但一些变量(Score 和 Age)并不显著。下面采用逐步回归方法选择变量并估计模型。由于最初模型是全模型，逐步回归只能采用向后法或逐步法中的向后向前法实现变量选择。向后法的 R 语句为

```
> lm. step < - step(lm. sol,direction = "backward")
```

该语句的含义是：在最初全模型的自变量中(scope 缺省)，采用向后法(direction = "backward")实现逐步回归。输出结果见左端框，右端是对输出结果的解读。

Start： AIC = 91. 03 Box ~ 1 + Score + Cost + Days + Age + Baidu	第一步：全模型的 AIC = 91. 03 Box ~ 1 + Score + Cost + Days + Age + Baidu

	Df	Sum of Sq	RSS	AIC	
− Score	1	9.65	333.01	90.088	删除 Score 模型的 AIC = 90.088（minAIC↓）
− Age	1	12.72	336.08	90.418	删除 Age 模型的 AIC = 90.418
< none >			323.36	91.029	无删除模型的 AIC = 91.029
− Days	1	68.94	392.30	95.986	删除 Days 模型的 AIC = 95.986
− Baidu	1	152.24	475.60	102.918	删除 Baidu 模型的 AIC = 102.918
− Cost	1	331.71	655.07	114.444	删除 Cost 模型的 AIC = 114.444

Step：　AIC = 90.09

Box ~ Cost + Days + Age + Baidu

第二步:删除 Score 模型的 AIC = 90.09

Box ~ Cost + Days + Age + Baidu

	Df	Sum of Sq	RSS	AIC	
− Age	1	9.26	342.27	89.075	删除 Age 模型的 AIC = 89.075（minAIC↓）
< none >			333.01	90.088	无删除模型的 AIC = 90.088
− Days	1	100.71	433.73	97.600	删除 Days 模型的 AIC = 97.600
− Baidu	1	154.93	487.94	101.840	删除 Baidu 模型的 AIC = 101.840
− Cost	1	322.09	655.11	112.446	删除 Cost 模型的 AIC = 112.446

Step：　AIC = 89.07

Box ~ Cost + Days + Baidu

第三步:再删除 Age 模型的 AIC = 89.07

Box ~ Cost + Days + Baidu

	Df	Sum of Sq	RSS	AIC	
< none >			342.27	89.075	无删除模型的 AIC = 89.075
− Days	1	114.15	456.42	97.437	删除 Days 模型的 AIC = 97.437
− Baidu	1	156.24	498.51	100.612	删除 Baidu 模型的 AIC = 100.612
− Cost	1	318.24	660.51	110.742	删除 Cost 模型的 AIC = 110.742

Call：

lm(formula = Box ~ Cost + Days + Baidu,data = Boxoffice)

最终模型 Box ~ Cost + Days + Baidu

Coefficients：

(Intercept)	Cost	Days	Baidu
− 3.300 592 2	4.379 021 4	0.149 602 7	0.000 320 9

回归系数

(Intercept)	Cost	Days	Baidu
− 3.300 6	4.379 0	0.149 6	0.000 3

在逐步回归向后法的第一步,模型依次删除一个变量并计算 AIC,发现删除 Score 后的 AIC 最小且由全模型的91.03降低为90.09,因此应该删除变量 Score;第二步,在不包含变量 Score 的模型中,依次删除一个变量并计算 AIC,发现删除了变量 Age 的模型其 AIC 最小且由90.09降低为89.07,因此,模型还应删除自变量 Age;第三步,在不包含变量 Score 和 Age 的模型中,发现依次删除一个变量后,AIC 没有降低,故停止逐步回归。

采用逐步法(向后向前法) 的 R 语句为

> lm. step < − step(lm. sol,direction = ″both″)　% 向后向前法

该语句的含义是:在最初全模型的自变量中(scope 缺省),采用向后向前法(direction =″both″)实现逐步回归。输出结果见左端框,右端是对输出结果的解读。

Start：　AIC = 91.03					第一步:全模型的 AIC = 91.03
Box ~ 1 + Score + Cost + Days + Age + Baidu					Box ~ 1 + Score + Cost + Days + Age + Baidu
	Df	Sum of Sq	RSS	AIC	
− Score	1	9.65	333.01	90.088	删除 Score 模型的 AIC = 90.088（minAIC↓）
− Age	1	12.72	336.08	90.418	删除 Age 模型的 AIC = 90.418
< none >			323.36	91.029	无删除模型的 AIC = 91.029
− Days	1	68.94	392.30	95.986	删除 Days 模型的 AIC = 95.986
− Baidu	1	152.24	475.60	102.918	删除 Baidu 模型的 AIC = 102.918
− Cost	1	331.71	655.07	114.444	删除 Cost 模型的 AIC = 114.444
Step：　AIC = 90.09					第二步:删除 Score 模型的 AIC = 90.09
Box ~ Cost + Days + Age + Baidu					Box ~ Cost + Days + Age + Baidu
	Df	Sum of Sq	RSS	AIC	
− Age	1	9.26	342.27	89.075	删除 Age 模型的 AIC = 89.075（minAIC↓）
< none >			333.01	90.088	无删除模型的 AIC = 90.088
+ Score	1	9.65	323.36	91.029	增加 Score 模型的 AIC = 91.029
− Days	1	100.71	433.73	97.600	删除 Days 模型的 AIC = 97.600
− Baidu	1	154.93	487.94	101.840	删除 Baidu 模型的 AIC = 101.840
− Cost	1	322.09	655.11	112.446	删除 Cost 模型的 AIC = 112.446
Step：　AIC = 89.07					第三步:再删除 Age 模型的 AIC = 89.07
Box ~ Cost + Days + Baidu					Box ~ Cost + Days + Baidu

	Df	Sum of Sq	RSS	AIC	
< none >			342.27	89.075	无添加变量模型的 AIC = 89.075
+ Age	1	9.26	333.01	90.088	增加 Age 模型的 AIC = 90.088
+ Score	1	6.19	336.08	90.418	增加 Score 模型的 AIC = 90.418
− Days	1	114.15	456.42	97.437	删除 Days 模型的 AIC = 97.437
− Baidu	1	156.24	498.51	100.612	删除 Baidu 模型的 AIC = 100.612
− Cost	1	318.24	660.51	110.742	删除 Cost 模型的 AIC = 110.742

Call：

lm(formula = Box ~ Cost + Days + Baidu,data = Boxoffice)　　　　最终模型 Box ~ Cost + Days + Baidu

Coefficients：　　　　　　　　　　　　　　回归系数

(Intercept)	Cost	Days	Baidu	(Intercept)	Cost	Days	Baidu
− 3.300 592 2	4.379 021 4	0.149 602 7	0.000 320 9	− 3.300 6	4.379 0	0.149 6	0.000 3

　　在逐步回归向后向前法的第一步,模型依次删除一个变量并计算 AIC,发现删除 Score 后的 AIC 最小且由全模型的 91.03 降低为 90.09,因此应该删除变量 Score;第二步, 在不包含变量 Score 的模型中,依次删除一个变量或增加变量 Score 并计算 AIC,发现删除 了变量 Age 的模型其 AIC 最小且由 90.09 降低为 89.07,因此模型还应删除自变量 Age;第 三步,在不包含变量 Score 和 Age 的模型中,发现依次删除一个变量或增加变量 Score 和 Age 后,AIC 没有降低,故停止逐步回归。

　　若要采用向前法进行逐步回归,首先应从包含一个自变量的模型开始。根据相关系 数发现成本与票房的相关性最强,于是,采用向前法的 R 语句为

> lm. sol1 < − lm(Box ~ 1 + Cost,data = Boxoffice)　% 建立票房与成本的回归模型

> lm. step < − step(lm. sol1,Box ~ 1 + Score + Cost + Days + Age + Baidu, direction ="forward")

　　最后一句的含义是从模型 Box ~ Cost 开始到模型 Box ~ Score + Cost + Days + Age +Baidu(scope 是全模型) 向前(direction = "forward") 搜索一个最优模型。输出结果 见左端框,右端是对输出结果的解读。

Start：AIC = 110.55					第一步:一元回归模型的 AIC = 110.55
Box ~ Cost					
	Df	Sum of Sq	RSS	AIC	
+ Baidu	1	238.203	456.42	97.437	添加 Baidu 模型的 AIC = 97.437(minAIC↓)
+ Days	1	196.116	498.51	100.612	添加 Days 模型的 AIC = 100.612

+ Score	1	55.069	639.56	109.581	添加 Score 模型的 AIC = 109.581
< none >			694.63	110.555	无添加模型的 AIC = 110.555
+ Age	1	31.717	662.91	110.872	添加 Age 模型的 AIC = 110.872

Step：　AIC = 97.44　　　　　　　　　　　　　　第二步:添加了 Baidu 模型的 AIC = 97.44

Box ~ Cost + Baidu

	Df	Sum of Sq	RSS	AIC	
+ Days	1	114.154	342.27	89.075	添加 Days 模型的 AIC = 89.075（minAIC↓）
+ Score	1	33.861	422.56	96.662	添加 Score 模型的 AIC = 96.662
< none >			456.42	97.437	无添加模型的 AIC = 97.437
+ Age	1	22.698	433.73	97.600	添加 Age 模型的 AIC = 97.600

Step：　AIC = 89.07　　　　　　　　　　　　　　第三步:添加了 Days 模型的 AIC = 89.07

Box ~ Cost + Baidu + Days

	Df	Sum of Sq	RSS	AIC	
< none >			342.27	89.075	无添加模型的 AIC = 89.075
+ Age	1	9.256 2	333.01	90.088	添加 Age 模型的 AIC = 90.088
+ Score	1	6.187 0	336.08	90.418	添加 Score 模型的 AIC = 90.418

Call：

lm(formula = Box ~ Cost + Baidu + Days)　　　　最终模型 Box ~ Cost + Days + Baidu

Coefficients：　　　　　　　　　　　　　　　　回归系数

(Intercept)	Cost	Baidu	Days	(Intercept)	Cost	Baidu	Days
− 3.300 592 2	4.379 021 4	0.000 320 9	0.149 602 7	− 3.300 1	4.379 0	0.000 3	0.149 6

　　在逐步回归向前法的第一步,模型依次添加一个变量并计算 AIC,发现添加 Baidu 后的 AIC 最小且由最初模型的 110.55 降低为 97.44,因此模型应该添加变量 Baidu;第二步,在包含变量 Cost 和 Baidu 的模型中,依次添加一个变量并计算 AIC,发现添加变量 Days 的模型其 AIC 最小且由 97.44 降低为 89.07,因此,模型还应添加自变量 Days;第三步,在包含变量 Cost、Baidu 和 Days 的模型中,发现依次添加一个变量后,AIC 没有降低,故停止逐步回归。

采用逐步法(先向前再向后)的 R 语句为

> lm. sol1 < − lm(Box ~ 1 + Cost,data = Boxoffice)　　　% 建立票房与成本的回归模型

> lm. step < − step(lm. sol1 ,Box ~ 1 + Score + Cost + Days + Age + Baidu, direction = "both")

最后一句的含义是从模型 Box ~ Cost 开始到模型 Box ~ Score + Cost + Days + Age +Baidu 向前向后(direction = "both") 搜索一个最优模型。输出结果见左端框,右端是对输出结果的解读。

Start: AIC = 110.55 Box ~ Cost					第一步:一元回归模型 AIC = 110.55
	Df	Sum of Sq	RSS	AIC	
+ Baidu	1	238.20	456.42	97.437	添加 Baidu 模型的 AIC = 97.437(minAIC ↓)
+ Days	1	196.12	498.51	100.612	添加 Days 模型的 AIC = 100.612
+ Score	1	55.07	639.56	109.581	添加 Score 模型的 AIC = 109.581
< none >			694.63	110.555	无添加模型的 AIC = 110.555
+ Age	1	31.72	662.91	110.872	添加 Age 模型的 AIC = 110.872
− Cost	1	1 138.22	1 832.85	143.484	删除 Cost 模型的 AIC = 143.484
Step: AIC = 97.44 Box ~ Cost + Baidu					第二步:添加 Baidu 后模型 AIC = 97.44
	Df	Sum of Sq	RSS	AIC	
+ Days	1	114.15	342.27	89.075	添加 Days 模型的 AIC = 89.075 (minAIC ↓)
+ Score	1	33.86	422.56	96.662	添加 Score 模型的 AIC = 96.662
< none >			456.42	97.437	无添加模型的 AIC = 97.437
+ Age	1	22.70	433.73	97.600	添加 Age 模型的 AIC = 97.600
− Baidu	1	238.20	694.63	110.555	删除 Baidu 模型的 AIC = 110.555
− Cost	1	634.75	1 091.18	126.814	删除 Cost 模型的 AIC = 126.814
Step: AIC = 89.07 Box ~ Cost + Baidu + Days					第三步:添加 Days 后的模型 AIC = 89.07
	Df	Sum of Sq	RSS	AIC	

< none >		342.27	89.075	无添加模型的 AIC = 89.075
+ Age	1	9.26	333.01	90.088	添加 Age 模型的 AIC = 90.088
+ Score	1	6.19	336.08	90.418	添加 Score 模型的 AIC = 90.418
− Days	1	114.15	456.42	97.437	删除 Days 模型的 AIC = 97.437
− Baidu	1	156.24	498.51	100.612	删除 Baidu 模型的 AIC = 100.612
− Cost	1	318.24	660.51	110.742	删除 Cost 模型的 AIC = 110.742

Call:

lm(formula = Box ~ Cost + Baidu + Days)　　　　　最终模型 Box ~ Cost + Baidu + Days

Coefficients:　　　　　　　　　　　　　　　　回归系数

(Intercept)	Cost	Baidu	Days	(Intercept)	Cost	Baidu	Days
− 3.300 592 2	4.379 021 4	0.000 320 9	0.149 602 7	− 3.300 6	4.379 0	0.000 3	0.149 6

在逐步回归向前向后法的第一步,模型依次添加或删除模型中的一个变量并计算 AIC,发现添加 Baidu 后的 AIC 最小且由最初模型的 110.55 降低为 97.44,因此模型应该添加变量 Baidu;第二步,在包含变量 Cost 和 Baidu 的模型中,依次添加或删除模型中的一个变量并计算 AIC,发现添加变量 Days 的模型其 AIC 最小且由 97.44 降低为 89.07,因此模型还应添加自变量 Days;第三步,在包含变量 Cost、Baidu 和 Days 的模型中,发现依次添加或删除一个变量后,AIC 没有降低,故停止逐步回归。

由以上分析可以发现,无论是向前法、向后法还是逐步法,所选择的最终模型都是一致的,这与第 7 章利用偏相关系数所选择的影响因素是相同的。查看逐步回归最终模型的 R 语句为

　　> summary(lm.step)　　% 查看逐步回归结果

　　> detach(Boxoffice)

输出结果如下:

Call:

lm(formula = Box ~ Cost + Days + Baidu,data = Boxoffice)

Residuals:

Min	1Q	Median	3Q	Max
− 7.083 6	− 2.115 9	0.044 6	1.297 0	7.448 8

Coefficients:

	Estimate	Std. Error	t value	Pr(>| t |)
(Intercept)	− 3.301e + 00	1.307e + 00	− 2.525	0.016 724 *
Cost	4.379e + 00	8.028e − 01	5.455	5.29e − 06 * * *
Days	1.496e − 01	4.579e − 02	3.267	0.002 597 * *

Baidu	3.209e − 04	8.396e − 05	3.822	0.000 576 * * *

—　—　—

Signif. codes：0 ' * * * ' 0.001 ' * * ' 0.01 ' * ' 0.05 '.' 0.1 ' ' 1

Residual standard error:3.27 on 32 degrees of freedom

Multiple R − squared：0.813 3,　　　Adjusted R − squared：0.795 8

F − statistic:46.45 on 3 and 32 DF,　p − value:9.17e − 12

　　由输出结果可以看出,所选择的变量对票房都有显著性的影响,其次,经检验模型没有多重共线性。在第 7 章的回归诊断中,误差正态性假设满足,等方差性略有异常。总体来说,这个回归模型是有效的。

8.5　逐步回归法的改进

　　逐步回归法能够自动选择对因变量影响显著的一组自变量建立回归模型,但不能保证自变量之间不存在多重共线性。原因就在于逐步回归选择自变量的准则是 AIC 信息统计量,而没有考虑自变量的方差膨胀系数 VIF。下面利用开篇案例“电子商务交易. xls”说明如何根据相关性分析结果、VIF 和 AIC 提高模型的可靠性和有用性。

　　电子商务交易额(Turnover)的影响因素包括:域名数(Domains)、互联网宽带接入端口(Accesses)、从事电子商务的企业数(Firms)、从事电子商务企业的比重(Prop. firms)、互联网宽带接入用户(Internet users)、互联网上网人数(Internet fans)、移动互联网用户(Mobile Internet users)、移动互联网接入流量(Mobile traffic)、人均收入(Income)和人均消费(Consumption)。

　　实现一般多元回归的 R 语句为

Ecommerce < − data. frame(

Turnover = c(12026.7,3035,2416.1,680.3,1587.6,2125.1,504.7,299.3,16037.7,5351.9,6846.8,2894.7,2399.3,2288.1,9890.2,4135.3,2741,2227.5,17595.1,970.9,526,3210.2,2381.2,1518.7,1249.7,73.1,1047.5,325,441.7,169.2,326.2),

Domains = c(645.7,35.4,74.9,23.9,10.8,59.3,20.5,23.7,263.2,173.2,336.2,74.5,509.5,38.5,172.1,117.7,102,137.2,556.6,51.2,14.7,52.8,138.1,18.8,27.5,1,43.1,11.1,4.6,4.3,13.4),

Accesses = c(1784,724.3,3841.1,1582.9,1200.7,3239.5,1560.7,1964.9,1595.7,5676.8,4720.6,2527.3,2482.3,2055.6,4680,4345.8,2594.7,2395.3,6515.6,2094.9,522.9,1643.6,3709.6,1113.9,1674.4,107.2,2083.1,946,262.2,307.1,1323.9),

Firms = c(5661,1575,2473,1110,861,1453,807,618,3979,10008,12240,5001,5158,1637,8358,4011,4359,3603,11542,1660,521,2716,5120,1767,1996,109,2300,886,233,371,628),

Prop. firms = c(18,8.4,8.4,8.1,7.6,5.8,5.1,5.6,12.6,9.6,14.9,12.7,12.2,7.3,9.9,6.8,11.3,10.9,11.6,11,18.4,11.6,13.9,12.4,13.2,17.5,12.2,10.5,10.8,11.2,6.2),

Netusers = c(475.8,283.9,1612,747.2,417.2,971.7,440,575.1,635.7,2685.2,
2159.7,1075,1144.6,822.5,2366.5,1767.2,1131.9,1066.9,2779.4,790,186.5,704.7,
1851.2,459.5,655.3,40.2,803,392.9,99.7,111.9,468.4),

Netfans = c(1690,999,3956,2035,1311,2741,1402,1835,1791,4513,3632,2721,
2678,2035,5207,4110,3009,3013,8024,2213,470,1556,3575,1524,1892,149,1989,
1101,320,339,1296),

Mobileusers = c(3594,1125.4,5518.3,2485.3,2045.2,3529.8,2029.7,2510.9,
2662.3,7436.9,6366.3,4179.9,3267.5,2602.8,7391.2,6378.3,3639.9,4350.7,
11518.4,3163.9,816.6,2556,6358.4,2528.7,3302.1,176.2,3384.8,1804.9,434.6,
602.1,1633.6),

Mobiletraffic = c(33436.1,10100.3,37107.8,16817.8,12852.6,43747.6,35625.1,
20813.3,21073.5,70636,63212.6,36624.1,30358.9,22666,39890,43678.6,30269.7,
30151.1,126199.4,21703,7543.9,21221.4,36177.6,20948.9,36457,1149.2,30607.4,
12391.1,5023,7130,12148.5),

Income = c(5.25304,3.40745,1.97254,1.90489,2.41266,2.60397,1.9967,
1.98385,5.43053,3.20701,3.8529,1.99981,2.76079,2.01096,2.46853,1.84431,
2.17866,2.11148,3.02958,1.83051,2.06534,2.20341,1.88083,1.51211,1.67199,
1.36392,1.88737,1.46703,1.73018,1.88323,1.83547),

Consumption = c(3.54157,2.61293,1.42475,1.26829,1.80723,1.98528,1.47726,
1.44458,3.74583,2.21299,2.55266,1.47115,2.01675,1.32586,1.59264,1.27123,
1.58887,1.57505,2.34484,1.22952,1.42754,1.63848,1.48385,1.19316,1.17688,
0.93187,1.3943,1.22542,1.47747,1.49654,1.40665))

> attach(Ecommerce)

> lm.sol < − lm(Turnover ~ Domains + Accesses + Firms + Prop.firms + Netusers +
Netfans + Mobileusers + Mobiletraffic + Income + Consumption,data = Ecommerce)　　% 全
模型回归

> summary(lm.sol)　　% 查看回归结果

> plot(lm.sol)　　% 查看回归诊断结果

> detach(Ecommerce)

输出结果如下(图 8.1):

Call:

lm(formula = Turnover ~ Domains + Accesses + Firms + Prop.firms +

Netusers + Netfans + Mobileusers + Mobiletraffic + Income +

Consumption,data = Ecommerce)

Residuals:

Min	1Q	Median	3Q	Max
− 2 558.5	− 812.4	− 308.9	1 092.6	2 223.6

Coefficients：

	Estimate	Std. Error	t value	Pr(>| t |)
(Intercept)	− 8.300e + 03	2.457e + 03	− 3.379	0.002 98 ∗ ∗
Domains	− 4.282e + 00	3.793e + 00	− 1.129	0.272 30
Accesses	− 3.770e + 00	1.790e + 00	− 2.106	0.048 03 ∗
Firms	8.045e − 03	4.204e − 01	0.019	0.984 92
Prop. firms	7.479e + 01	1.403e + 02	0.533	0.599 92
Netusers	1.038e − 01	4.102e + 00	0.025	0.980 07
Netfans	3.051e + 00	1.132e + 00	2.696	0.013 90 ∗
Mobileusers	9.838e − 01	8.898e − 01	1.106	0.282 00
Mobiletraffic	3.529e − 02	4.897e − 02	0.721	0.479 44
Income	5.471e + 03	2.312e + 03	2.367	0.028 16 ∗
Consumption	− 2.756e + 03	3.315e + 03	− 0.831	0.415 55

— — —

Signif. codes：0 ' ∗ ∗ ∗ ' 0.001 ' ∗ ∗ ' 0.01 ' ∗ ' 0.05 '.' 0.1 ' ' 1

Residual standard error：157 5 on 20 degrees of freedom

Multiple R − squared：0.918 4,　　　Adjusted R − squared：0.877 5

F − statistic：22.5 on 10 and 20 DF,　　p − value：9.682e − 09

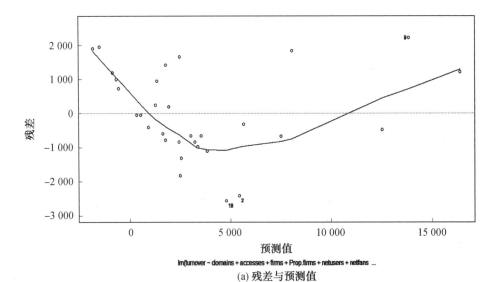

lm(turnover ~ domains + accesses + firms + Prop.firms + netusers + netfans ...

(a) 残差与预测值

图 8.1　输出结果

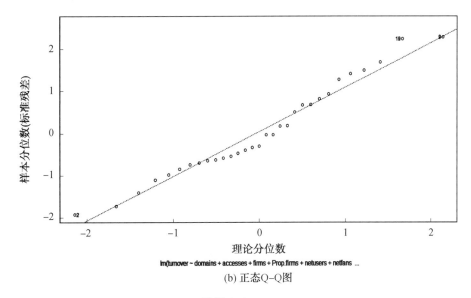

lm(turnover ~ domains + accesses + firms + Prop.firms + netusers + netfans ...

(b) 正态Q–Q图

续图 8.1

由模型的决定系数(0.918 4)和调整的决定系数(0.877 5)可以看出,模型的解释能力很强,且正态性前提假设基本满足,只是残差图不够理想。从回归系数的显著性来看,除了互联网上网人数(netfans)、人均收入(Income)和互联网宽带接入端口(Accesses)对电子交易额有显著影响(显著性水平为0.05)以外,其他变量都不显著。但 Accesses 的影响却是负向的,与预期不符,可能存在多重共线性。

利用 R 函数 cor( )、ggm 包中的 pcor( )以及 car 包中的 vif( )查看变量间的相关系数、偏相关系数和方差膨胀系数。部分输出结果见表 8.7。

表 8.7　相关系数、偏相关系数和方差膨胀系数

Turnover	相关系数	偏相关系数	VIF	Accesses	Netusers	Mobileusers	Income
Domains	0.761 7	– 0.244 8	5.010 0	0.503 8	0.474 4	0.560 3	0.706 9
Accesses	0.546 4	**– 0.426 1**	100.000 0	1	0.981 7	**0.968 4**	0.239 4
Firms	0.704 7	0.004 3	23.255 8	0.850 3	0.875 7	0.858 4	0.503 4
Prop. firms	0.232 9	0.118 3	2.912 9	– 0.128 1	– 0.064 3	– 0.020 9	0.248 4
Netusers	0.525 2	0.005 7	116.279 1	**0.981 7**	1	**0.958 8**	0.205 6
Netfans	0.609 7	**0.516 3**	41.841 0	**0.958 5**	**0.944 8**	**0.980 4**	0.193 0
Mobileusers	0.627 3	**0.240 0**	58.479 5	**0.968 4**	**0.958 9**	1	0.239 1
Mobiletraffic	0.635 7	0.159 1	16.556 3	0.894 9	0.847 1	0.917 3	0.292 3
Income	0.774 5	**0.467 7**	61.349 7	0.239 4	0.205 5	0.239 1	1
Consumption	0.765 7	– 0.182 8	56.497 2	0.212 7	0.175 3	0.221 5	**0.986 8**

由表8.7的第一列可以看出,除了从事电子商务企业的比重(Prop. firms)以外,其他因素与电子商务交易额(Turnover)的相关系数都超过了0.5,说明在不考虑其他影响因素的条件下,所有自变量对电子商务交易额都有一定的影响。但是,许多自变量间的相关系数超过了 0.9(比如互联网宽带接入端口(Accesses)与互联网宽带接入用户(Netusers)、互联网上网人数(Netfans)和移动互联网用户(Mobileusers)的相关系数都大

于 0.9,人均收入(Income) 和人均消费(Consumption) 的相关系数更是高达 0.986 8)。
此外,大部分 VIF 都超过了 10,由此可以判定模型存在多重共线性。

如果采用逐步法的"向后向前"建模,实现向后向前法的 R 语句为

> attach(Ecommerce)

> lm. sol < − lm(Turnover ~ Domains + Accesses + Firms + Prop. firms + Netusers +
Netfans + Mobileusers + Mobiletraffic + Income + Consumption,data = Ecommerce)

> step. sol < − step(lm. sol,direction = "both")

> summary(step. sol)

> plot(step. sol)

> detach(Ecommerce)

最后选定模型的 AIC = 456.83,其输出结果如下:

```
Call:

lm(formula = Turnover ~ Accesses + Netfans + Mobileusers + Income,data = Ecommerce)


Residuals:
      Min          1Q          Median        3Q           Max
   − 2 753.86    − 941.75      − 0.79        954.25       2 730.20


Coefficients:
                Estimate      Std. Error    t value       Pr( >| t |)
(Intercept)     − 7 179.131 4  766.033 5    − 9.372       8.04e − 10 * * *
Accesses        − 3.381 8      0.685 9      − 4.930       4.04e − 05 * * *
Netfans         2.479 4        0.867 7       2.857        0.008 3 * *
Mobileusers     1.343 1        0.655 0       2.051        0.050 5.
Income          3 290.002 1    291.906 7     11.271       1.66e − 11 * * *
− − −
Signif. codes:  0 ' * * * ' 0.001 ' * * ' 0.01 ' * ' 0.05 '.' 0.1 ' ' 1


Residual standard error:1 473 on 26 degrees of freedom
Multiple R − squared:  0.907 2,      Adjusted R − squared:  0.892 9
F − statistic:63.55 on 4 and 26 DF,   p − value:4.835e − 13
```

最终回归模型可以写成

$$电商交易额 = − 7 179.131 4 − 3.381 8 × 端口数 + 2.479 4 × 上网人数 +$$
$$1.343 1 × 移动用户 + 3 290.002 1 × 人均收入 \qquad (8.11)$$

在逐步回归模型中,根据 AIC 信息统计量最小原则,向后向前法选择了 Accesses、
Netfans、Mobileusers 和 Income,它们与因变量 Turnover 的偏相关系数都是排名靠前的。
但 Accesses 与 Netfans 和 Mobileusers 的相关系数超过了 0.9,因此,仅仅依据 AIC 信息统

计量和偏相关系数并不能消除模型中的多重共线性。

为了从变量组中筛选出既对因变量有显著性影响又不存在多重共线性的影响因素，下面将联合使用相关性分析（相关系数与偏相关系数）、方差膨胀系数 VIF 和 AIC 信息统计量来选择变量和估计模型。

8.5.1　逐步向后向前法的改进方案

（1）由偏相关系数和 VIF 依次选择需要删除的变量。

根据表 8.7 中的偏相关分析，偏相关系数较小的是 Firms(0.004 3) 和 Netusers (0.005 7)，但 Firms 与 Turnover 的相关系数(0.704 7) 大于 Netusers 与 Turnover 的相关系数(0.525 2)，且 Netusers 的 VIF 最大(116.279 1)，故第一次删除 Netusers。删除 Netusers 后的偏相关系数、VIF 见表 8.8 的第 2、3 列。

表 8.8　偏相关系数和方差膨胀系数

Turnover	偏相关	VIF	偏相关	VIF	偏相关	VIF	偏相关	VIF
Domains	− 0.265 0	4.297 4	− 0.264 1	4.295 5	− 0.280 8	4.246 3	− 0.065 6	3.927 7
Accesses	− 0.640 2	31.152 7	− 0.628 8	26.737 9	− 0.613 3	20.833 3	—	—
Firms	0.013 3	9.699 3	0.006 9	9.689 9	0.015 0	9.671 2	− 0.362 9	6.747 6
Prop. firms	0.119 8	2.873 6	0.177 2	2.632 3	0.298 2	2.072 5	0.421 8*	1.863 9
Netusers	—		—		—		—	
Netfans	0.534 3	38.314 2	0.525 9	38.167 9	0.756 9	16.806 7	0.562 4*	8.424 6
Mobileusers	0.241 3	57.803 5	0.220 3	57.142 9	—		—	
Mobiletraffic	0.219 2	8.090 6	0.164 9	7.137 8	0.214 6	6.761 3	0.089 2	6.631 3
Income	0.483 1	56.179 8	0.849 4	2.825 7	0.844 9	2.820 9	0.773 4*	2.814 5
Consumption	− 0.185 6	54.054 1	—		—		—	

偏相关系数比较小的是 Firms(0.013 3)、Prop. firms(0.119 8) 和 Consumption (− 0.185 6)，而其中只有变量 Consumption 的 VIF = 54.054 1 很大。于是，第二次删除 Consumption。删除 Netusers 和 Consumption 后的偏相关系数、VIF 见表 8.8 的第 4、5 列。此时，Mobileusers 的偏相关系数较小，且 VIF(57.142 9) 最大，故第三次删除了 Mobileusers。删除 Netusers、Consumption 和 Mobileusers 后的偏相关系数、VIF 见表 8.8 的第 6、7 列，第四次删除了 VIF 最大的 Accesses(VIF = 20.833 3)。删除 Netusers、Consumption、Mobileusers 和 Accesses 后的偏相关系数、VIF 见表 8.8 的第 8、9 列。最后，选择进入模型的变量是 Domains、Firms、Prop. firms、Netfans、Mobiletraffic 和 Income。其中只有 Prop. firms、Netfans 和 Income 的偏相关系数在 0.05 水平上是显著的。

（2）根据 AIC 信息统计量和逐步向后向前法选择最后的模型。

实现逐步向后向前法的 R 语句为

> attach(Ecommerce)

> lm. sol < − lm(Turnover ~ Domains + Firms + Prop. firms + Netfans + Mobiletraffic + Income,data = Ecommerce)

> step. sol < − step(lm. sol,direction = "both")

> summary(step. sol)

> plot(step. sol)

> detach(Ecommerce)

最后模型的 AIC = 470.44,其输出结果如下:

```
Call:

lm(formula = Turnover ~ Firms + Prop.firms + Netfans + Income,data = Ecommerce)


Residuals:
      Min          1Q         Median         3Q          Max
    - 2 772.4     - 1 229.8    - 96.9        1 280.8      3 553.6


Coefficients:
                Estimate      Std. Error     t value       Pr( >| t | )
(Intercept)     - 1.132e + 04  1.906e + 03   - 5.943       2.86e - 06 * * *
Firms           - 4.901e - 01  2.552e - 01   - 1.920       0.065 9
Prop.firms       2.889e + 02   1.182e + 02    2.444        0.0216 *
Netfans          2.143e + 00   4.541e - 01    4.720        7.04e - 05 * * *
Income           3.458e + 03   4.414e + 02    7.834        2.61e - 08 * * *
– – –
Signif. codes:  0 ' * * * ' 0.001 ' * * ' 0.01 ' * ' 0.05 '.' 0.1 ' ' 1


Residual standard error:1 834 on 26 degrees of freedom
Multiple R – squared: 0.856,      Adjusted R – squared: 0.833 9
F – statistic:38.65 on 4 and 26 DF,   p – value:1.385e – 10
```

由输出结果可知,逐步向后向前法删除了偏相关系数最不显著的 Domains 和 Mobiletraffic,且从事电子商务企业的比重(Prop. firms)、互联网上网人数(Internet fans)和人均收入(Income)对电子商务交易额都有显著的正向影响,这与偏相关系数的显著性检验结果一致。最终的回归模型是

电子商务交易额 = - 11 320 - 0.490 1 × 电子商务企业数 +

288.9 × 电子商务企业比重 + 2.143 × 上网人数 + 3 458 × 人均收入

(8.12)

8.5.2　逐步向前向后法的改进方案

(1) 由相关系数和 VIF 选择需要添加的变量。选择依据见表8.7和表8.9。

表8.9　偏相关系数和方差膨胀系数

Turnover	相关系数	偏相关	VIF	偏相关	VIF	偏相关	VIF
Domains	0.761 7	0.213 7	3.040 4	0.129 1	3.211 3	0.131 9	3.213 3

续表8.9

Turnover	相关系数	偏相关	VIF	偏相关	VIF	偏相关	VIF
Accesses	0.546 4	—	—	—	—	—	—
Firms	0.704 7	0.415 5	2.037 1	0.016 6	4.357 3	−0.165 4	5.122 9
Prop. firms	0.232 9	—	—	—	—	—	—
Netusers	0.525 2	—	—	—	—	—	—
Netfans	0.609 7	—	—	—	—	0.431 1	6.711 4
Mobileusers	0.627 3	—	—	—	—	—	—
Mobiletraffic	0.635 7	—	—	0.407 2	3.573 9	0.041 5	6.574 6
Income	0.774 5	0.551 8	1.999 2	0.639 7	2.255 8	0.715 3	2.482 6
Consumption	0.765 7	—	—	—	—	—	—

　　根据表8.7的相关系数,首先进入模型的是 Income。其次,进入模型的变量应该在 Consumption、Domains 和 Firms 进行选择。由于 Income 与 Consumption 的相关系数大于0.9,为避免多重共线性,只能选择 Domains 和 Firms。模型中仅有 Income、Domains 和 Firms 的偏相关系数和 VIF 见表8.9的3、4列,没有需要删除的变量。第三次可以进入模型的变量是 Mobileusers 和 Mobiletraffic,但这两个变量的相关系数超过0.9,因此只选择相关系数比较大的 Mobiletraffic 进入模型。变量组 Income、Domains、Firms 和 Mobiletraffic 的偏相关系数和 VIF 见表8.9的5、6列。第四次可以进入模型的变量包括 Netfans 和 Netusers,但这两个变量的相关系数也超过0.9,因此只选择相关系数较大的 Netfans 进入模型。变量组 Income、Domains、Firms、Mobiletraffic 和 Netfans 的偏相关系数和 VIF 见表8.9的7、8列。由于 Accesses 与 Netfans 的相关系数大于0.9,故不可选入模型。于是,将剩余的变量 Prop. firms 加入后,最终进入模型的影响变量有 Income、Domains、Firms、Mobiletraffic、Netfans 和 Prop. firms。这与逐步向后法的第一步分析结果一致,故不再赘述。

　　(2) 根据 AIC 信息统计量和逐步向前向后法选择最后的模型。

　　实现逐步向前向后法的 R 语句为

　　> attach(Ecommerce)

　　> lm. sol <− lm(turnover ~ Income,data = Ecommerce)

　　> step. sol <− step(lm. sol,Turnover ~ Domains + Firms + Prop. firms + Netfans + Mobiletraffic + Income,direction = "both")

　　> summary(step. sol)

　　> plot(step. sol)

　　> detach(Ecommerce)

　　最后得到的结果与模型(8.12)一致。改进逐步回归模型的 AIC 从原来的456.83上升至470.44。实质上,根据方差膨胀系数 VIF 和 AIC 信息统计量联合估计的模型是以 AIC 的上升换取 VIF 的下降。这时,模型(8.12)不存在多重共线性,因而也就提升了模型中参数估计的可信度,在进行影响因素分析时,这一点非常重要。

8.6　多元回归建模流程

一般多元回归建模流程如图8.2所示。与第7章的一般回归建模流程类似,主要建模步骤都是一致的。

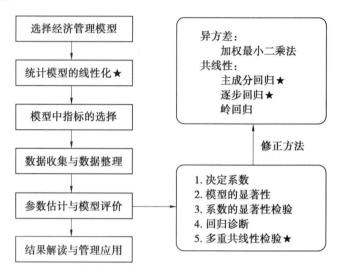

图8.2　一般多元回归建模流程(★ 本章学习内容)

(1)根据研究的目的选择数理模型,这些模型可以是经济管理理论模型(比如生产函数模型),也可以是经验模型。

(2)如果所选模型是非线性的,则需要通过函数变换将模型线性化,以便于进行回归建模。

(3)针对模型中的变量选择可以收集到数据的"指代性"指标,比如劳动用"就业人数"指代、企业规模用"市场占有率"指代等。

(4)收集具体数据并对数据进行必要的预处理,比如缺失值的预测、消除量纲以及数据规范化等。

(5)当收集了一定量的样本以后(一般情况下,样本量应该大于30),利用最小二乘法估计模型中的参数,并依次根据决定系数和 F - 检验说明模型的解释能力,根据 t - 检验说明回归系数的显著性。除此以外,还需进行两类回归诊断。一是根据残差图和 Q - Q 图说明模型的前提假设"误差具有独立性、等方差和正态性"是否满足,二是利用方差膨胀系数 VIF 说明自变量之间是否有多重共线性。

如果由残差图发现模型有异方差,则需要利用"加权最小二乘法"(非本课程学习内容)进行修正;如果发现 VIF 超过 10,则可以利用主成分回归、逐步回归法(本章学习内容)和岭回归(非本课程学习内容)进一步修正。

(6)当判定模型的有效性以后,便可以利用模型中的系数或系数的组合,分析和说明经济管理现象在特定情景下的统计规律。在经济管理领域,所谓"特定情境"指的是这种基于一个样本集的统计规律通常不具有普适性,它与模型选择、数据收集的时间段、指代性指标及统计建模方法的选择密切相关。

习　　题

1. 说明主成分回归与逐步回归法的差异。

2. 给出因子回归的步骤，并说明因子回归与主成分回归的差异。

3. 利用第 5 章快时尚数据构建销售量的影响因素分析模型，并诊断是否存在多重共线性。

4. 为了解我国各地区医疗保健状况，在中华人民共和国统计局网站 http://www. stats. gov. cn/ 收集最近一年各省（自治区、直辖市）的如下医疗保健数据：预期寿命、人均 GDP、医疗保健费用、人口出生率、人口增长率和每千人医疗技术人员和医疗床位数。根据数据进行如下分析：

（1）建立预期寿命与人均 GDP、医疗保健费用、人口出生率、人口增长率、每千人医疗技术人员和医疗床位数的回归方程；

（2）给出自变量共线性的诊断结果；

（3）如果存在多重共线性，采用因子回归建立回归模型；

（4）如果存在多重共线性，采用逐步回归法建立回归模型；

（5）分析每个回归模型的特点，并说明采用哪个模型进行预测、哪个模型进行影响因素分析。

5. 探索利用程序包 MASS 中的函数 stepAIC( ) 实现逐步回归的方法。

参 考 文 献

[1] 何晓群.多元统计分析[M].北京:中国人民大学出版社,2015.

[2] KABACOFF R I.R 语言实践[M].高涛,肖楠,陈钢,译.北京:人民邮电出版社,2015.

[3] 薛毅,陈立萍.统计建模与 R 软件[M].北京:清华大学出版社,2007.

[4] CHATTERJEE S,HADI A S,PRICE B. 例 解 回 归 分 析. Regression Analysis By Examples——影印本[M].3rd ed.北京:中国统计出版社,2003.

附录　　部分彩图

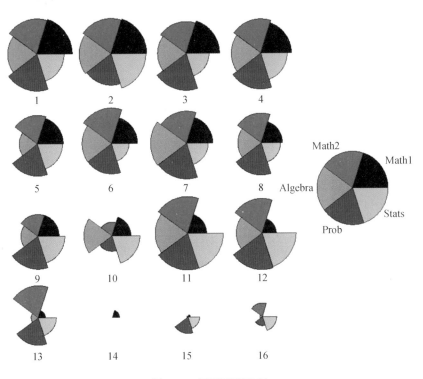

图 1.7　　圆弧形雷达图

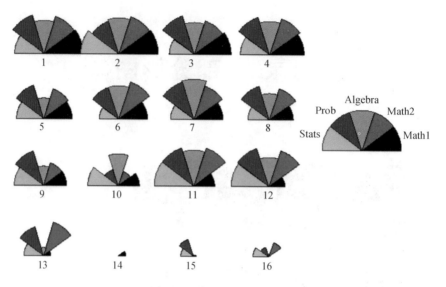

图 1.8　半圆弧形雷达图

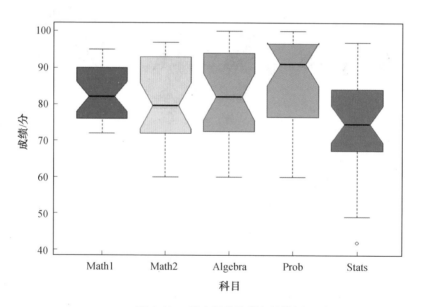

图 1.12　带有腰线的彩色箱线图